清代河務檔案

QINGDAI HEWU DANG'AN

2

《清代河務檔案》編寫組 編

广西师范大学出版社
GUANGXI NORMAL UNIVERSITY PRESS
·桂林·

第二册目録

祥工舊檔

祥工引河禀稿

祥工引河稟稿

卑 欽差王 總河慧 堂 卑奉憲札綜理引河工程請飭委孫催令催夫吳衙名由

牒奉本月二十日檄奉

鈞札以祥符三十一堡漫口現在

奏明堵築所有總局分局東壩西壩籌辦事宜固關緊要當

亦各分各任雖挑挖引河挽大河使歸故道猶不如經一所關

匪輕且兵力合作一氣呵成責任尤重

飭委8綜理其事主即帶同儀睢通判丁牌候補通判王士庚

初中河協備張泰寬前赴口門相度形勢將壩工分三大截
每截壩工丈尺若干應分幾段何段寬深若干何段加濬
寬深若干務按地勢高低測量準確使上下游一律配平深
通順利隨勘隨估核明土方土價先行詳細開具清摺送
核以便按段酌派監員弁分壩自辦丞經費成○○俾有章息
設有錯誤責有攸歸又萬因需員即飭各佐備弁
差丁面帶同前赴口門相度地勢勘令河頭印令速加測量
核覆確估分別寬深核明土方土價繕冊由道轉加覆勘寄候

遴委員弁分挑帖查此次在挑引河錢儀工三十里加長培築分段
亦必增多。況膺綜理自當往來督辦竭力催儹俾得上下相
距四百餘里勢不能常駐一處且本屬之事亦復繁多以照料
難以周密查歷次大工挑河均委有總催分催之人等各按照辦
理擬請知府一員作為總催丞倅牧令四員上下分催嚴查
貼崖腮墊等弊並逐日核計出土方數按成給銀務使員
弁奮勉迅速蕆工庶于要工有裨所有擬請
揀委各員銜名繕具清摺恭呈

鈞電伏乞

中堂大人俯賜會奏奉工件〇〇得收指臂之助實邀上蓋再挑河當需估辦人員隨同差委应由道經行飭委合併聲明

計呈清摺一扣

總辦引河

南陽府知府紀秉鏞

分辦引河

祥河同知王憲

候補河工同知通判張昀

候補知縣丁紹齡

糧河通判趙作賓

八月二十二日

欽差惠王批仰候會奏仍候

巡撫部院批示繳清摺存

八月二十三日

河臺批仰候會奏仍候

撫部院批示繳清摺存

八月二十三日

撫憲批如詳派委卿候會同

欽差那飭遵照錄如詳行仍候

欽差部堂批示繳摺存

詳中堂王撫院于會詳咨行飭調運河員來工差委據呈清摺由

據詳查照批飭酌將派員較多兩次興辦亦需差委

歷屆大工均有調派來省運河人員來工當差令詳各上汛三

十一堡大工各口現已辦齊所需員弁請飭東省運河西借三
員似聞十一員皆係熟悉河務諳鍊撫工以之調赴撫河辦理
工程必堪得力特請銜名清摺恭呈
鈞電示不仰祈
中堂
大人俯賜察核撤調來工襄辦口役
計呈清摺一扣
銜諱謹將撤調運河西員銜名清摺恭呈
電鑒

计开

运河同知黄庆安

下河通判方侍毅

南河通判范庆长

东平州判李师元

钜野主簿周垍云

沛县主簿李辅宾

夏泽主簿应如桂

清平王蔭深產
石城南宮莫樹槐
天井南宮張世霖
青齊南宮田東鉞
伊陽南宮吳經之庚
開州南宮賀君 賢
安山南宮秦心湛
美草

敬年兄　頃得手示諸

調運何處另籌之所收到何想見

營望查對何意諸岳需次甚多合計並何需好貴況

名目不勇委派營員招商運何處員係親　諸請所及此

外運何所為名況閒時自己程費并似有不少應請

擲修運何意辦修名厭將所為之式況并亟如遷延一日弱

保調超商本但資派委更為可使

八月三十日

中堂王批據呈東省運河兩岸汛閘各官請領撥工仰候札飭運
河道照印指名調赴工次以資差遣繳摺存
天章批已據呈並札運河道轉飭各廳知係調遣來工繳
撫憲牛批據呈東省運河兩岸汛閘等官請以資撥引河仰候
會商
署河院調赴辦理繳摺存
表章批據呈擬調運河並遴選挑挖引河人員歸由工案仰候
會同

署河州鎮標遊擊加一級程徵

為據河二隘會營議請移添引河驛屬營弁兵丁由

照得本營與撫轄引河一帶道路遼遠去攔泉多其中亦緊要

雖見每驛向年並派弁兵時備帶兵巡緝驛屬方期慎

密查歷屆本年撫河協便應請

移添援兵 本營選募兼以勁核撥請撥兵一百二十名內同村營兵八十名

本標兵四十名同村營兵八十名 河標兵四十名 分駐添協四十名添兵典標實四十名之開

儀知此間四十名分派時備千把總帶領分頭往來巡查以

敬讀諄諄諭
遴委現任知縣二員分帶本省勁幹壯役三千名協同兵丁
晝夜稽查並照慎重仍責令該管文武廳員約束
兵役毋許滋擾本月二十等日陸續前赴廣東起程應知儆戒
是否有當伏候
中堂大人會核調派來工委員丁役一併遵照章程核給薪水飯
食鹽菜等項合併聲明
等欽差王河撫憲等語據此附錄兩咨以備文案由

該事至今查核對所云原銀莊名片方可設法追償舍親查存

次名批三兩錢呈現存案負將從優設法劃撥即行寄上日前

郵寄一函再三詢問諒達座下

奉接覆函來到而承厚愛殷殷文字多般先將籌到同項下撥

十八萬兩以便應付當前之需

鈞諭詳備文件由局派員赴司撥領會同是案銀元

中堂俯賜咨會司
大人俯賜飭行司撥發以便續撥所應撥之銀數安為派員借辦

得天津尺牘協餉到日即可喜得與挑三洋定議合并聲明

九月初二日

河東撫衙候咨會

接部咨行司核撥檄

宰擬用東省宰請發現在同知知縣未經諳練河由

移宰云云與本司並等之兩宰請派到河諳練者令通

是案第查到河方候預補現在借補司庫額設擇日起行

其已諳練者外無需調派本司等於現任廳縣中詳加遴選咨請

撥發署清軍同知印德本府城知縣周昭英西平縣知縣任佐孫

等三員各帶勤幹壯役二千名來工以便分段已經慎重要工堤

中堂
大人俯賜飭委迅速赴工處為以便

肅啓 九月初三日

欽差批仰候咨會

撫部院飭委赴工繳 回日

撫憲批如禀候委仰候會同

欽差札飭河工道暨候廳鄉知周令現在候委馳赴山東運提餉兩院

差後到日再飭前往隨歷呈印飭飭河工道繳

奏 欽差題 掛堂 奏勘定引河頭及壩基挑挖情形由
前奏內寫明設引河頭與壩基乃挑挖兩大工最要關鍵勘
估宜倍加詳慎當經奴才議派通判丁倅等相度形勢並兩
勘定嗣又議令會同河南委員詳細履勘茲據該倅等稟稱
會同河南委員蘭南廳委倅蘭北營守備前往履勘所有挖
估引河頭原在馬莊迤北形勢吸溜無庸更改委倅等將兩
壩挪向東南三十丈挑壩挪向東南四十丈其東壩仍照原估均係
合宜等情據此奴才等復查引河頭必得與壩基及挑壩氣

擬相度方可得勢今詳審該處等所言地址安設炮臺合

亟將今特送到圖幅呈請

中堂
大人俯賜察核批示飭遵實為公便

計呈圖一幅

奉
批開據稟軍請飭候軍而到時總候南陽府殷守迅速來工由

該奉在案。。前奉請

調南陽府殷守來工總候到時仰蒙

批准在案現在已經估令各兵落先按照員安夫君白擇鎮一

經興辦即需該守駐工督催其逐日所出土方及挑成分數亦

皆應由總催核報該府明爽諳練於河工事宜素所講求

務乞

大人俯賜札催該守迅速前來以資籌議而專責成實為德便

九月初七日

河憲批據稟已悉即行札飭催令此繳

九月初八日

撫憲批查該守業經到省已札飭星馳前往督催仰即知照繳

憲
檄河工需員廠營遴選批河務要撤諭飭令出具保結由

發憲台云切但系批引河所需工員較多不得不查照歷屆大
工之章程選用委汛弁並記名等候委承辦以期迅速要工便札
飭西岸各廠營確切平保保揀呈送前來惟詳河關係重
大分派必宜詳慎該候委等在否實在工程熟諳識見可
靠應切實甄別免偶所保或未切實之處致有貽悞前撤
飭令該廠營等各出保結呈送備案以昭慎重是否有當
理合憲請

中堂
大人俯賜察核飭遵寔爲公便

河憲批如準即移飭各廳營將所保遇有挑引河之案各出

具印甘保結以專責成倘稍有悞誤將原保之廳營是

問仰候

撫部院批示繳　　九月初七日

撫憲批如準辦理仰候

河部堂批示繳

準河
撫憲準諮飭依遇河所屬各員承之派挑引河田

接奉來諭以引見批之所需之費較多前經奉達

批飭調運以所屬丞倅州同來之以資佐理務希查明

以即日恩批識之各員來之錯連陵候之派務也

大人迅賜檄催俾通判各員迅即起身前來務於十五日以

前到之以便派辦處務公役

九月初八

所呈批據即檄催矣繳

接奉批仰候飛咨飭催繳

奏

欽差撫臣等現估引河工段先行承挑並趕緊辦理情形由

跪奏為查照引河挑工最關緊要前經飭委儀徵通判丁倅等

會同勘估切令逐段比較務期上下配平一律暢順前據該倅

等將已經估定七十段造冊呈送前來臣詳加覆核遴選委員

弁頭量為分派撥將前十段暫緩挑辦因河頭形勢未定該處需量

為更改以便相機辦理其餘六十段飭即趕緊乘天和煖興挑

先行興挑務限四十日完竣此後續派工段分別先後皆以興

工之日為始扣足限不准稍有遲逾現分之工所需方價已派

又藩庫撥到銀十八萬兩今撥五萬先發四成銀兩各令自持照
票赴局請領仍俟辦有成數再行分成撥發接濟俾辦迅速
挑出土方責成總備分備遞查核報以憑稽考所出之土以挑
成堤距河岸三十丈為度如查有貪近卸土者隨時勒令重翻
遠送至原估方價本係斟酌核定足資工用倘遇有棘手之處
另行借端藉口希冀津貼之請延擱如遇處所挑挖倍難人
工倍費者務即稟明即照同年貼補。。與總備分備等確切查勘
果係情形屬實亦不得不量請籌濟以歷工程總不任稍存朦

深知錢粮自歸核定惟規例固宜詳慎亦須整飭尤在嚴明查各工

員人數殊多勤惰不一其有因循苟且貽悮要工亦即指名稟參

如果實在勤能出衆辦理核料認真亦當切實存記量請

鼓勵或予記功或予拔補俾知有功必録有過必懲自必各思奮勉得收

實效除刊發詳細章程及摘敘要示張貼曉諭將來續派之工

亦俟按照前議一體飭遵再刊河工兩衛長地方候補人員明白

工程者亦不得不量為派委以資分辦而期迅速經理合併候

中堂

大人俯賜察核批示飭遵

九月十四日

欽差批如擬飭遵

河臣挑查引河工程固宜趕早河底尤在疏通各工員弁須沾坡墊

屋等弊處另處四估認真挑挖方能工歸實在稍不如式惟問

係匯報下停等先經估定之七十丈後恐如已雨侵勘再將前十丈

替後揀繳其餘六十丈准即分派委員弁先將四成銀兩飭令星

速照工分段續派工丈統以合限四十日完竣所出之土以挑成後

堆距河唇三十丈爲度如有貪近舞弊等事除將工員嚴行參

此外經係各係各員責有攸歸因干未便該管亦難辭咎其有
踴躍急公首先竟設至應優加鼓勵本部專飭總局一秉大
公所理在事各員和衷襄事務使工歸核實是爲至要餘並案
仰候
欽差陛 核部院批示錄報此繳
據呈批據單已悉仰即依令趕緊照估如式挑挖依限完竣務期一
律通暢不得稍有偷減草率遲延仰將出土方數
據實開摺通報查考繳

案據河道案詳借撥糧道庫存款銀兩以資添辦引河由

據稱在案當經批准引河工多限迫無得隨時估定即隨時添辦力期

迅速惟工程冀免貽誤錢糧無先籌預計前由藩庫移撥銀六

萬兩俾得將已估挑工六千丈先行分派每方量給四成銀兩集夫興

辦業經具案

銷覆在案茲查前項銀兩已支發無存若不即須再發給三成銀兩所有

奏派撥工需際一時又未能籌解到作何應籌議覆案

生聰業業 允准 提撥糧道庫存款銀十萬兩以資添用理合案請

移生業業 允准

察核撥 咨會撥飭 飭糧臺迅即照數撥發以便請支應西德使比使館兩

仰由該局委員請領往撥餉到日即行解交歸款

九月二十日

附呈批候移咨

移部核撥餉糧臺迅即照數動撥發局支應庶俟撥餉到日仰由

該局員解交還款准附呈報查考毋忽繳

移部核批之外仰候該局委員赴臺請領並行糧臺照數撥發矣仰

即知照繳

奏撫河臣奏請撤飭江南呂參將復勘引河頭由

竊臣前因引河頭形勢未定，臣昨將現流先挑七十丈內之十丈

暫緩挑撤，設有變故，以便相機辦理。再，現在江南呂參將業已

到工，務乞

大人迅賜撤飭前往復勘，臣等俾得依令各工員將前工趕即興挑，

實為德便。

奏 欽差撫河臣奏請撤飭江南河營參將呂○○復勘引河頭有無應用

交汛由

孫家在處照引河吸溜全在河頭得勢而行札委儀徵通判
丁倅等會同勘估挑挖設在馬莊迤西酌經江南委員宿南
廳署倅宿北黃李備同往復勘亦以形勢吸川為屬更須當經
具稟在案惟引河頭為大工最要關鍵如得倍加慎重現在江
南河督漕督時已會備詳 趙 等業已到工擬令牢請
中堂
俯賜批飭前往再加復勘有無應行更改之處詳細審商寸益
大人
濂亦專肅而以復
九月二十日

欽差批如詳飭遵繳

蒙欽差撫院蒙批請添派委員以資彈壓由

竊奉來諭以此次引河工段綿長人夫眾多需蒙請

調陝事同知卽赴灃城辦同今兩年餘經今來工彈壓當已難期

周密亦擬請添派員以資分巡查有候補知縣袁健昌辦事勤

勉伏乞

中堂大人撫飭該員前來接將引河上首一帶餘文內劃分四處派令各員

分住巡查其三閘陽汛等堤以下工長一千三十丈卽請

飭委三關儒知儒令就近彈壓緣該土弁丈子多旦近三關儒知

職儒令須有兩面料操之可保於臨頭不致貽悞

九月二十三日

河生批以字詳均即飭飭各該員等遵照可也繳

據生批查候補縣令三關儒知儒令已派

領兵來營相委各員前赴引河之次分兵彈壓矣仰即知照繳

字據河生字請先飭已到官兵駐之彈壓由

該字之高並引河人夫眾多前經批請

撥兵一百二十名內閩材營四十名
中標兵四十名閩材營兵八十名
河標兵四十名
分駐彈壓事宜
前署中挑係在案查引河挑工由淋鎬估計以所需人夫亦甚多
下少合鄉碍量人夫多寡分作四處駐劄以期周妥現在第一
段至一百三十一段止共工長三千四百四十九丈業已擇段興挑急應巡查
中標
河標所撥之兵亦經本營參將趙移千等帶領到工住訖
大人先爲檄飭趕工將共首三千四百四十九丈之一段亦均分彈壓責成以便一俟
閩材營兵到日再行按段分派專諳飭遵合併聲明

同治九月二十三日

河東批如字錄派前往該處彈壓徹

字 據河東字祥符上汛三十一堡東西兩坝裹頭用欵錢粮數目呈送清摺由

敬字在案照祥符汛三十一堡漫口東西兩坝節經

前東院

欽差奏明廂盤印餉下南廳暨三三處商虞協備曹百安先後辦理

先將坝台最要部堵搶次廂埽如法盤裹因時在秋汛期內

溜勢搜淘埽工滙蟄復又屢次加廂西坝更形吃重並將碎石

拋護以資抵禦所需正雜料物係上游各廳工關緊要未便多
撥下游各廳存料又運省請急需款所用皆係於附各廳代購
及委員於本工設廠收買得以應手擬辦共計工料銀十一萬四
千八百十五兩三錢七分七厘在道甲年領經費是銀十二萬三千八
百七十九兩三錢九分八厘內用詳准借撥藩庫銀五萬兩隨同
扣市平銀一千兩外計實銀四萬九千兩又奉
前　堂
前河堂提撥河北道庫銀二萬兩又提借各州縣賦錢存銀一
萬七千兩又河北道庫撥費衛二廳運腳銀一千五百兩羨餘

但係並庫籌發核計收支詳數動用料物均屬相符除將查

存船料並蔴繩騎樁等物運至兩坝正雜料廠收貯備用另文

咨報從前所撥合將實需欵用款並查存各料分繕清單恭呈

電核並乞

飭司查照撥開銀數撥還分別歸款

謹將詳工東西兩坝累頭案內動用各款分晰繕摺恭呈

鈞電

計呈

一發委員睢州州同陶砥蘭本工收買民料銀五千二百四十七兩八錢九厘

一發儀睢廳丁倅代領祥上汛三十一堡壩頭料價銀七千五百兩

一發蘭儀張丞代領祥上汛三十一堡壩頭料價七千二百兩

一發署下南王倅領東壩裹頭領料銀七千五百兩

一發署下南王倅領東壩壩頭夫工銀四千一百五十兩

一發署下南王倅領辦正雜料銀二千八百一十六兩九錢九厘

一發睢州州同陶砥蘭等領轉運祥陳兩汛磚料脚價銀

三千六百四十五兩二錢

一發三閘儀器工價搭運繩纜騾扶三條項及轉運腊料脚

價銀六千七百四十二兩七釐

一發睢州領解運工次交外委採辦騾扶柳木等項錢價銀一千兩

一發上南河工歲料銀七千三百二十兩

一發上南河工歲蔴銀六千七百十三兩八錢一分二釐

一發下南河工搶運工程料物錢價銀一千五百六九兩八錢

五分

五釐

一發上南被西協濟正雜料物價值運脚銀六千七百三十一兩
五錢六厘
一發前下南直西續料銀八千五百兩
一發前下南直西續蘇草辦料銀四千兩
一發甲川三年二次額協濟正辦料物計價脚銀四千八百四
兩九錢六分二厘
一發貴州二廠協濟料蘇等項價值及運脚計銀七千二十
一兩八錢八分九厘

一發中河左西三次領鑲買西坎裏頭料價銀七千兩

一發署下南王倖領西坎裏頭夫工銀二千兩

一發署下南王倖我領中河任內協濟料物運腳銀二千兩

一發署下南王倖領堡鑲拋護西坎裏頭灰埽前碎石方價
銀五千九十七兩六錢

一發土工銀一千四百九十八兩三錢二分八厘

一發署下南王倖領堡鑲壓做西坎裏頭蔴價銀二千七百四
十六兩三錢

一歲署下南王倖批飯西坎畧頭夫工銀二千兩

以上東西兩坎共銀十一萬四千八百一十五兩三錢七分七厘

又府中經費除已扣平飯路外應補於銀二千一百廿兩六錢零完

又應銀應補平飯路經費計銀六千八百廿三兩二錢六分八厘

綜共應請領銀十二萬三千八百七十九兩二錢九分八厘

謹將詳工東西兩坎畧頭案內查存正雜各料數目清摺呈

電

計呈

東垻

一存楷料十三操

一存大蔴绳十條

一存桩木二千五百六十三根

一存騎馬九百五十付

一存本垻騎馬四百五十付

一存篾纜三百四十條

一存箍頭绳一千二百九十二條

一存棕桃繩一千二百七十條

一存走纜一千二百條

一存石碇二架

一存廣板一塊

一存柁頭一個

一賬寧廠解到大蔴繩一百條

一賬寧廠棕桃繩五十條

一賬寧廠騎馬一百九十九副

西坝

一存稭料六垛

一存十丈麻绳四百六十八條

一存八丈麻绳四百〇八條

一存畚扶五千七百八十七根

一存騎馬六百二十三副

九月二十九日

河臺批查詳工东西兩坝裹頭做成工長丈尺及拋退碎石方數

工員等領辦料物有無存繳應飭該從局查照詳細
科核俟覆到察奪繳摺存
從前等覆詳汛三十一堡東西裏頭用過工料石方銀兩查核相符由
該管各屬無前任開歸陳道等詳稱上汛三十一堡大隄東西裏頭
用款錢糧數目撥給撥還歸款一案當票
皇上
硃批飭該局查照科核等由覆察奪在案
欽奉
皇上
批飭該局核明撥還其雜工等因當經陳道轉飭用工款
錢糧清摺及用存料物先後移會到局除用存料物已飭兩

將正雜料廠驗收備用外惟查摺開用過錢糧雖有數目呈奏
做成三叚丈尺及拋用磚石方數尚屬冒下南廠王亞碑切查明予
嘶間摺字號奉旨查詢查問現在東西壩頭埽外業已堆築
生晚原做水深丈尺甚淺該計按照料算歸石各工實共長丈及需
用稽麻夫工磚石共用銀十二萬三千八百七十九兩二錢九分八厘款目另
容相符查本項工程業
前經奏在案
欽差部院奏明辦理自應歸入大工案內報銷至本項銀兩除由閘歸

並撥過司庫壹銀四萬九千兩已作為河工案內撥費工需除下
核扣外其餘銀兩應俟續向撥餉到齊再行咨明撥還歸款
是否有當理合專摺覆
察核批示飭遵
十月二十日
同日批另案議行繳
桂日批另案辦理繳
案准
戶部案議覆奏開封營官兵分駐驛歷前河南

雖寧夏寶豐引河經歷官兵前經寧朔分作四處駐劄除帶
一處至一百三十一處止工長三千四百四十九丈已帶
添委河標官兵分駐外帶查閱材料兵八十名已經具摺達聖鑒帶
侯到之據自一百三十二處至一百六十四處止工長一千七百六十九丈即
添帶漢把總孫家壽帶兵二十名分駐巡查一百六十五處起至
二百四處止工長五千一百四十一丈添閱材料具摺達聖鑒帶兵四十名
分駐巡查其閘渠引河十七處工長一千五十二丈添委朱仙鎮千
總常得勝帶兵二十名分駐巡查務已

大人俯賜分飭赴工按照劃分兵段駐札彈壓實爲公便

十日又啓

河督批所派協防委協候分別札飭營汛認真彈壓可也繳

接奉批查前據該局稟業經札飭開封營遊擊挑選兵丁八十名派委千把帶領分別馳往陳橋堡曲興集駐劄巳查彈壓茲稟前據單前情仰即於飭該員弁按照劃分兵段駐劄按繳巳查彈壓務期鎮靜仍約束該弁兵等不得些騷擾滋事致干未便繳

奏
欽差撫豫臣 奏呈勘定引河開挖緣請飭豫南河呂參將等律覆勘
旨
茲奏在案照一案因引河頭工閘甚要奏案
檄飭南河河營參將呂○○等復加查勘並乃丈深復思遵下所估
引河頭經各委員會同勘定但通身形勢及寬深長丈是否
寔在擬宜理合繕具簡摺呈請
大人俯賜飭發委令呂參將等前往將引河二百二十一丈普律覆勘
逐段發核查丈看再更深之處各弓審定以昭詳慎實爲公益

計呈清摺一扣

十月初日

河督批稿奉請委員會同覆勘引河固為慎重起見甚是河

工程係就舊河形內擇其淤墊處所相機估挑總以配平河

底為要此係該管道廳專責如若河頭必須與堤工相應期於盛

秋時收回得勢引溜歸槽則應比案查原奏請調南河將弁亦丁

亦為兩歸直省而設未便事事概委覆勘致存諉卸地步也

抑即可毋徵

寧
挑河思寧估算桐河土壩呈送清摺由

竊寧奉前查大壩迤占以後水勢安通惟於高崖以歷届挑挖
引河需於河頭迤上築做桐河土壩以資擋截而免串漫淹塘
最關緊要現在引河已先後捧撤大壩亦不日迤占前項桐河土壩
宜亟籌辦理昨經飭令下南廳營將即勘估茲據呈送估摺前來
計估土壩一道共長一百六十丈共土三千六十四方每方銀三錢共銀九
百十九兩二錢等情核無浮合將送到估摺寧呈
鈞鑒伏候

大人俯賜察核批示飭遵庶可使自前項土工撥即派令下南營王
至基承辦合併陳明
計呈估摺一扣
十月初五日
河憲批每方減估二錢五分即委下南營王備承辦於工完後先由總
局驗收報候委驗摺存
撫憲批如議辦理仰即轉飭趕緊妥築務期穩固堅實以資捍
藩毋任偷減草率是為至要摺存

案河呈案呈批驗收東坝基坝尾土工一律如式完竣由

孫案奉據稟

飭批以下兩段而加東坝基坝尾土工有無草率偷減及鑲試不能之處

飭令○○親往驗收以案候

查照親往復驗李國棠氏○○當即親詣該工復加勘驗尚屬如式

間有鑲試滲漏之處即飭令加硪重打一律堅實文大委呈所案

批親勘得由合留案復

十月初七日

批據該丞已悉仍候親勘做

丞以該丞覆勘呂泰特等撤歸兩坝基並奉移引河頭及挑水坝情形均屬

合宜由

核詳在案奉

憲台批發江南河營呂泰特等會丞覆勘東西坝基引河頭及挑

水坝情形票

批所議是否合宜仰即親往覆勘悉心審度繪圖貼說呈候核

奪仍會同補詳

欽差信字批示錄貽徽字抄發事因○○查照即親往通和確勘所有呂

案修等會同撫將東西兩坟基界丙樓帶其圍何點及挪出坟基

亦飭量支移所挪發照給為合亘除會同補字

欽差外理合繪圖貼說呈呈

察奪

計呈圖說一幅

字據所丈量字段佔擱坟土呈送清摺由

核字左營守備等前字佔築擱坟土坟呈送清摺仰祟

擬作跌水形渠前檔下兩砌平移查該坦前估須寬僅有三丈以內
料半靈石係每年所需之料兩面均出岩兩半岸則西法應擠
擬將坦俟做寬三丈方砌飭廳另添修撥年請核辦等因呂等
復加覈核計坦估土坦一道共長一百六十丈共估土五千一百六十四方該
砌每方估銀三錢前造並
奏
日奏批 批減銀五分每方計銀二錢五分共銀一千二百九十一兩較原估
雖屬稍多於原料來往實有裨益合將逐列情形恭呈
鈞鑒祗候

大人察核批示飭遵以便

計呈估摺一扣

十月十二日

此呈批如案所呈照估趕辦工竣核實驗收由母息撥存

據呈批據稟已悉繳

案據該呈案遵札籌理引河工經營由

據案在案呈據稟

呈占

據呈收閱與岸大工全賴引河通暢方能收涸便歸故道前經飭

委帶同僚屬面判下件候補之僚等勘估委成。。綜理在案

荷。。雅已就任所有引河事宜自應仍責成綜理特令總催

分催各員多備各員多僱夫鍬如式儹辦務宜始終勤奮以

竟厥成等因祇承之下感悚難名。。惟當謹遵

鈞諭擇取勤慎堪備各員趕緊興作興挑以期一律深通及早報

竣仰副

大人旌委之諄諄訓誡之至意查。。在前歸還任內曾奉撥發引

河經費銀一萬兩業經陸續支發下餘銀七千餘兩亦餘剩錢

文已備文移交護任存案，惟此項經費係借發薪水飯食等
項，供撥吾支領，是否應由護任撥發，抑仍由司請發之處，著候
批示，以便支撥。前項銀錢並會議引河文案委員前經詳定十名，咨
明總局即在經費項下借發，依照（敘）現在所擬，局中一手經理，其餘
隨役人等飯食均由〇〇自行捐給以示新
飭知總局會併移照
十月十二日
河憲批：引河工程為目前至緊要之務，該道係

奏明緣由之員責任尤重務即竭力經理加緊催儹期於依限運

該部查有厚理馬丟收文館兩局由總局總領其事以便

將來撥款匯報該二局便館一分兩作稍動支現存銀錢各

干處一併開帳移交總局另後所需皆由局撥日支領以免歧

錯誤並慰

據查批撥控到何仍責成該員督辦已經會

奏在案仰即遵照經理妥辦現務須一律保固安速歲事俾同救

順利以慰太工而急速價敘是所厚望徼

奏欽差撫臣奏引河挑工告竣揀驗並呈估冊及承挑職名清冊由

敬奏為查明引河挑工告竣西首先要務至當力求迅速所時先經

估計一面嚴派員興辦得由臣一律如理之事程具奏在案兩印係今

加緊勘估通呼派陸續興挑所有親歷各工通加查條其最要所

派之工定保要者興辦後查各段劃分各段已告竣揀驗例詳

飭據條令條通河認真勤查嚴加催儧以冀時程增條務令撥

手趕辦速蓋求速舒不任稍有延緩查現已興辦各工共二百三十

一段共長一萬一千三百九十二丈又上首除估工四段共長四十八丈二尺工長

一萬一千四百四十一丈由浙縮估口寬自六丈至二十三丈三尺底寬自五丈

丈四尺至十八丈深自三丈九尺至一丈三尺共估土四百十萬二千一百二方二

分其等價無論挑挖之深淺自口至底酌量分挖難挖數不一而足

總算計總不出原定每方五錢之數請將先後所估土方注承挑

另有職名分別保舉恭呈

鑒核至溝工溝絲亦俱估定分派各廳募夫興挑勒限趕辦另行造

冊呈報惟第前引河頭四十丈需留至臨時搶辦以通溜引河出共

九千餘丈其高仰之處需試放清水需時必須看搶挑合併陳明

計呈估冊三本 承推職名冊一本

十月五日

河東推廣實已意務即上下已依刻速趕出完報毋使稍有擱誤

草章內要另單三冊均悉

接東推廣實及另單均悉到河開係是會議員向來辦事認真

素所深悉仰即將同人詳俱分依限飭而推廣工員皆章未及趕

從照依如式推定及早報請務期一律深通庶收暢流勿任稍有偏

識草章是內要議員們逐日觀自勤查速益求速慎益求慎

字樣內黑字閘壩引河二百五十丈迤上撤估開挖一段呈送清摺由
據字東岸擋分係第四分引河山東下河通判方倬前任睢寧通判
蕭倬等字號勘得該閘壩引河二百五十丈迤上首清水塘一處現在
水面寬闊五六丈清水匯注勢必須長西風鼓浪迤下五丈即當淹漫
處且該工二百六七八等丈皆有堆垛料車經由之所直達東大路車輛
往來不能亦必得繞道而行茲飭令撤於上頭估築攔堤一道以通料路而
達川據其稟明該閘壩飭委王世相千總馬學重候補千總丁武元
就近修守以專責成迤下引河俟該工完竣試放清水時方准破除等因

並據呈送估摺前來當即親往確勘該處水塘委屬寬闊所
估捆埝既不足以阻蓄清水以免下注漫塘且不通料路亦便於搬運
係屬必需之工一俟試種清水稍令起除淨再勻使稍存枝杈以資阻
礙查該工捆估捆埝一道計長二百十丈共估土四千九百八十七方五分
每方銀二錢五分共銀一千二百四十六兩八錢七分五厘復核無浮現
合將估摺彙呈
鈞案伏乞
大人俯賜察核批示飭遵實為公便

計呈估摺一扣

十月三日

河署批如單所請即派三閘儀徵丞王世相等會辦查令一并防守

候飭局估詳仰即轉飭具領趕築毋違繳

孫署批據單核估搶險是否如式其土方銀數有無浮多仰詳工

總局迅速查明稟奪繳

單內院單引河收支須費例請一并須理由

孫署在前○○接手

銷批以引以及支經費銀兩應由該局按領其事以便將來按款造報
所有局領銀一萬兩作為動支現存銀若干應一併開摺移交接
局自後所需皆由局按日支領以免收錯等因當經查此項經
費銀兩係給發薪水紙張等項並製造應用並其下餘銀七千一百
八十四兩五錢錢二千八百二十文業經備文移交該任並該任移
還存票帳引以現已告律據繳所有存事各員逐日應領薪
水以及各項飯食及此項所係應用並其皆係隨時給發不應稍
緩若赴該局請領未免轉折稽時且再四籌酌擬請將此項

引河經費銀兩俱由○○一手管理俾支發得以應手殊爲方便其
口運所費各款俱係摺咨司由司核報不免舛錯理合聲請
大人俯賜察核批示飭遵爲禱
只請崇安
祈飭總局知照實爲公便
十月二十日
批如稟俱由該道一手經理於事誠較妥速具細賬送司核辦毋
稍舛錯誤候仰司知照繳

字呈送溝工溝緣丈尺挑職名清冊由

移字第六四引河挑工估冊丈尺併職名等清字呈存案並將原估溝工溝

緣六吉律估定復核準確擲還兩岸自三閘儀歷以下北岸自下北歷以下各

委倅及候補通判段星君中河通判王倅候補同知通判張丞暨前服南通判

等倅等丞挑修令趕緊多夫剋日興挑繞堤引河口前先行定設計溝工

四十八段溝長一萬二千八百三十八丈口寬自七丈六尺至二十三丈二尺底寬自六

丈至十八丈深自四尺至一丈三尺共土五十八萬二千三百七十五方八分溝緣三十

六段溝長一萬三千十丈口寬二丈八尺至四丈二尺底寬二丈至三丈深二三尺

共土八萬六千八十八方方價不一總不出原定每方五錢之數撙合時所

估工費及原挑職名分列清冊呈覽

鑒核其清江以下問曰清水塘計處長九十餘丈俟試放清水後如有應挪之

處再行相機酌挑隨時隨稟合併陳明

計呈估冊二本原估職名冊一本

十月二十五日

硃批如所擬即飭各該員等上緊催挑限於封河未凍以前一律完報

所係清西仟大災當西直工程保障攸安要速趕辦句改道原人後

該道務係上下查核向任前後兩要缺

於查挑據年已累例即詳今承挑各員廳下大率起於巴結如

式挑完務期一律通暢短期難讓例將土方數按户摺難查

奏繳

等 欽差 御覽 等遵札查復引河出土方數呈送諮摺由

牘等奏年月初日接奉

河臺 憲台 札開引河久經查律挑如石核計土方數隨時

奏報飭即遵照會同將守等作速查明通工引河挑出土方若干核

計共有疏浚工程限期分開具簡明清摺道守查核以憑具
奏等因當即遵查通工引河館陶善得與挑挖撥撤各有先後
呈以出土亦有多寡前案
飭查據印委同般等丈估核方數多寡每計寬有三分餘工除
卿增弊病不分條上下往來認真修攢以期安速完竣不任遷延因副
大人慎重要工之至意所有出土方數等也照繕具簡明清摺呈候
核奏實為公便
計呈清摺一扣

謹將引河現存挑挖分數繕摺呈

電

計開

現在出土七分者共九段

四五六分者一百三十餘段

二三分者八十餘段

通共全河計約有三分餘工

閘歸河北道會同河務總會議南北兩岸以下壬寅年歲修搶料擬結

奏請加價以資儲備由

竊查本省黃河工修守以稭料為正宗遇有大工之年先儘兩岸收買

各廳旋後設廠購辦本屬艱難是以於例價之外請加價以

資採購歷屆經升有案本年夏伏後汛異漲非昔搶救

十年一次未有以購稭料甚被漂淹淤沒陸內稭又因雨澤愆期收成

歉薄維時詳訊製備有減無增其衝處處搶險士工或搭各廠存料或

於河內兩岸收買新稭運省備撥加以秋汛內上南衛糧兩廳搶工除

購需用與多近搶所存早已搜羅殆盡該廳之儀工缺口在春令之時

民間預知需料度彼高累不作價收市自迥不相同現在詳議大工各料
與塘各州縣採辦趕辦中途價遞增價值不敷集事而各廠存辦歲
修各料無動借止例幫貼價銀一厘四毫價既懸殊且須先儘大工要使
因時集辦甚難工竣遠了需辦買二廠不易而切近詳訊各廠尤為棘手擬
南北兩岸各廠等語今列加價前來○查目擊情形籌商再三此錢
糧支絀之際因不便照大工多須加價若責令照舊價買定其廠員無力
賠墊貽誤修防詢據臣鈺查上嘉慶二十四年馬工案內各廠歲修稭料分別
距工遠近按照例幫價外無動加銀一厘二毫及九毫六毫四毫不等二十

五年議定案內三年稭料查明除距工較遠之南岸上南中河兩廳
歸河北岸之黃沁衛糧六廳未請加價外其最近次近之開儀儀睢下北
曹考下南睢寧祥河七廳每觔請加銀五毫四毫不等均蒙
前署臣之從具
奏請將加價歸入大工案內攤徵歸款由司撥銀發辦並照祥汛大工採
辦稭料情形視焉工稍多較儀工爲難所有各廳歲需之料自應仿照成
案分別最近次近稍遠較遠加價飭廳設法購辦免致藉口賠累有悞
工需○○等再四查訪計之與定相同合將南北兩岸十三廳每年應需歲除稭

料數目分別距工最近次近稍遠繕具清摺合詞恭呈御覽

大人俯賜鑒核料價無虞頃叩

奏請撥給銀兩以為工需豫籌款接以便分等購備各該廠工料趕辦勒

限全完驗收稽覈不致稍有遲誤以致工儲而資修守再查歷次大工及

廠所辦歲修料物俱係工需購備方能按照收買核查碼工需要料物於

奏請部料加價摺內聲明將來各廠在汛前趕辦足數即由庫撥給其

議工加價摺內註明截明兩漕查各廠加價銀兩係於次年二月內照依請領

發給按廠給領其應於汛前購辦全完之後再由藩庫核實發給

憲臺俯覽

鈞裁核奪賜為發

計呈清摺一扣

謹將南北兩路十三廳丙子全臺年歲徵糧料數目並分列比較上屆近

比近較遠緣由清摺恭呈

鑒核

計呈

昌近禪二叩啟

南岸下南廳兩汛歲料三百垛

南岸中河廳兩汛歲料四百垛

南岸蘭儀廳兩汛除歲料五百六十二垛

北岸衛糧廳兩汛歲料二百五十垛

北岸祥河廳兩汛歲料五百垛

北岸下北廳兩汛歲料五百垛

次近祥工各廳

南岸上南廳兩汛除歲料五百四十垛

南岸儀睢廳廳所出陳歲料五百四十垛

南岸睢寧廳所出歲料四百垛

北岸黃沁廳所出歲料三百垛

北岸曹考廳所出歲料二百五十垛

非工錯遠五廳

南岸商虞廳所出歲料五百垛

南岸歸河廳所出歲料一百垛

以上南北兩岸十三廳共出陳歲料五千一百四十二垛

十月初三日

附呈批所奏甚屬妥協候核察料核具

奏為撥用知工除西塘料已經本部查于高堰內設西磚石之處

奏 欽差 禮部 臣于蘭陽千總馬辛曾現奉東攔西料所有西撥引河撤汛派員舟楫撥由

該管道兼攝蘭陽千總馬辛曾管轄十月二十日臣等從河北岸會同內員

知王令等在於東壩以買料採即日設廠順該千總前派承撥第二百五六頭

引河係在蘭陽距東壩料廠遠及百里並難盈引現在撥工正需緊要之時

所有錢糧本歸蘭儀王知縣經管西路汛派一手經理以便專辦東壩收料

事宜等情。查該千總承挑之閘溝兩引河，其時因復估之後土方較多，

先經札委運河千總王世相、千總丁武元幫同辦理，在案。茲據宰承稟后，

委辦防料之閘溝要兩挑內工需喫緊，時赴工會人經理，擬即就近設

派王世相、丁武元一同會辦，以專責成。除札飭遵照，將土方錢糧撥收清楚，

赶緊接挑，俾得完竣，飭令將該派緣由呈覆

中堂

大人鑒核備案

案據此案派委引河當差文武各員銜名清摺由

核案正當興辦引河並里堤基工程緊要，需派文武幹員分任總

循分派彈壓去棚查禁燈火等事以期慎密該經書 先後揀選等

批准飭調其佐雜人員亦皆隨同經行 札委在案前查各員中或另

委他差使或有後委續派之員與原章間有不符者謹將現在到河當差各

員銜名另繕清摺呈候

咨核查考

計呈清摺一扣

謹將現在到河當差各員銜名繕摺恭呈

鈞鑒

計開

總修引河

南陽府知府方暐 殷東鎬

總理引河

儀封通判丁暐

分修引河

候補河工同知通判張時

糧河通判趙作賓

候補知縣丁彪齡

下河通判方傳穀

前昭章通判蕭霖

彈壁引河

虞城縣知縣周兆英

蘭儀縣知縣潘第元

候補知縣袁保長

候補知縣袁銳

示賊勢忘私累歸舍
汛標右營遊擊韋秉
中營都司歸正位
中營把總王錦標
左營把總吳龍飛
同城營遊擊呂慶
朱化鎮千總常得勝
紫陽把總袁孝山

查禁灯火
試用未入流劉通
試用縣丞胡深
試用未入流胡繼昌
候補府經歷張煥
試用未入流方映庚
西保局乙
候補從九二張坤

引河防守所委

馮培

栗德

王居魁

奏（能否擲還）准估引河之兩岸呈送清冊由

據奏兵官四祥工引河前任委員先後估計劃分兩岸確核覆勘

呈送估冊飭據分修候補河工同知通判張朗候補知縣丁勝

數本奏稱引河上首四兵田頭之兩岸發上下兵底寬又增五一百三十三

兩一百三十七大兩五兩一百四十四十一兩三一百四十二兩計二八一兩現因地勢窄

下存減深現因以隱高仰毋須加深業內次作挑挖方得一律深

通順利 尊意以為 會同錢保分作逐段修勤核辦屬實毋庸次作併

實核覆詳飭各該州縣委員並另核明土方銀數詳候備查倉時修作

總由多剩另詳辦理毋宜追作之

中丞

俯賜核奪備案再查上口原引河除祇段估銀二兩萬三四百兩毋庸多

大人

並以保案道廳毋宜追所有前呈不敷估毋須請

飭亦據銷以免咨駁

計呈清冊二本

軍機處字寄浙撫兵彈壓到此由

該軍未敢深入開封城守營務遞報常慶静稱得

沿彈壓到此自一百八十五處起至二百四十處止該營駐劄當府等語據此

惟查已派營內二十三處中間該小營計程六十餘里下七十處其中尚有該

小營計程六七十里常無往來已查五里稍遠處有那些失候之處之次

人夫衆多難免漏開之事而須稽查已查盡該彈壓方期鎮静現當

撤回嚴防以四面各一人負責周查不及移請轉照

添派千總一員外委一員帶兵十名與該犯逃軍分投四查偵訪周密并

查有附近把總分帶千總額勒錦外委孫連陞等係年力精壯堪以

添派等情各奏查該犯逃軍派查兵房上下均隔水隨往追緝遠

一人蹤跡已難周到似應毋庸如所擬

大人諭派添派弁兵來工幫同蹤跡無遺追緝

字 欽差 擲還 字引河以下清口清係特派分段諸路南北步行試放清水由

該處下游已詳工引河以下清口清係閘運估計需費不挑具字。

查峯將案并查各工挑挖出新以速現已辦有五分之程計本月二十五

日右右可期三日得全竣前同叙停守丁停會商一併驗收即須試放

清水因查江境六有涌條工程自應先期

咨會侍郎嵇璜遵照下旨放洩以便豫省自下而上遵照開放洋溢直刺保免

湖道合再具奏伏候

中堂大人咨會兩河總河部堂將江境涌條先期啟放以免耽延實為公便

奏 欽差攔河壩 奏上年引河間有累工擇要懇請津貼由

雅奏上年在宿估分條引河修補限更章程由

奏分條上五十四段引河自九月十六二十三及十月初四等日普律挑竣在

當擬趕辦於十月初八日下北寄備呈屬事兩批一函兩摺並抄原摺恭內

漸湖各處商民會勘房屋該備詳情批摺送今日可能未得下覆所

辦本年漕米均格外減免係多關等語現下所擬去一本八九天內及二三天後人

地方多有勇丁各營蒙給工食籍場佳勤總係今該管府縣書

應該屬撤本趕辦各營廩局送多累工程年內得日期而律限以期

迅速若擇其情形應照湖北原定章程擬請飭令趕緊三四十萬兩多

查上年引河估辦土工核係難免本地方遣生滋擾各工員應該奉

飭均行摘錄該管府屬不得藉延三年會同歲修丁倖等通盤覈辦

勘如果情形較輕再應行指令撥出章程妥為安置在部間遞府批
擬信抵部辦者不得不録之
恩施仰祈
大人垂念司內承審緣係供出數情節敢批示傷較伴者大員不諳如何請歷辦
詞正情實迅速便自將如實有冤抑再為設法調劑以昭慎重
自殺等下情不實研勘情形核實其較輕不任錯有浮濫設立多添
費合併陳明
計呈清摺一扣

謹將引河累工發生平餘在先分別津貼銀數繕具清冊恭呈

電鑒

計開

十一段擬按五[illegible]七錢方價減半津貼土二尺合銀四百二十八兩一錢五

分五厘六[illegible]八錢方價減半津貼土三尺合銀七百十五兩二錢六分

共合津貼銀一千一百四十三兩四錢一分五厘

十二段擬按五[illegible]七錢方價減半津貼土二尺合銀四百二十三兩六錢

五厘六[illegible]八錢方價減半津貼土二尺合銀六百〇七兩四錢六分三厘

合津貼銀一千一百三十一兩六分五厘

十三員撫按五標七翻方便減半津貼二十二尺合銀四百十九兩五分五厘

六標八翻方便減半津貼二十三尺合銀六百九十九兩六錢六分二毫合

津貼銀一千一百十八兩七錢零五厘以上三員曹單協備橋識竟不批

十四員撫按五標七翻方便減半津貼二十二尺合銀四百三十兩四錢四

分七厘六標八翻方便減半津貼二十三尺合銀七百十八兩四錢七分

二共合津貼銀一千一百四十八兩九錢零七厘武陵縣係橋風雨不批

十五員撫按五標七翻方便減半津貼二十三尺合銀六百三十八兩五錢八

分三厘六毫八錢方價減半津貼七三八合銀七百十兩三錢七分二毫合

津貼銀一千三百四十八兩九錢五分三厘

十六萬擔挪五擔七錢方價減半津貼七三八合銀二百三十兩七錢八分七厘

六毫八錢方價減半津貼七三八合銀七百〇一兩四錢六分二毫合津貼銀

一千四百三十二兩二錢四分七厘以上二項下北方備次蓋章兩批

十七萬擔挪五擔七錢方價減半津貼七二八合銀四萬三千兩二錢二分六毫

八錢方價減半津貼七三八合銀七百十四兩三錢六分二毫合津貼銀一千

一百四十七兩五錢八分

十八號拗撈五埵七錨方便減半繳以十二尺合銀四百二十四兩三錢四分六埵八錨方便減半繳以十三尺合銀七百四七兩二錢八分二毫合繳以銀一千一百三十一兩六錢二分以上二號係從補協備待萬麟兩批

二十二號拗撈五埵七錨方便減半繳以十二尺合銀四百十五兩錢三分五厘六埵八錨方便減半繳以十三尺合銀六百九十兩七錢八分六毫合繳以銀一千一百〇五兩九錢一分五厘

二十三號拗撈五埵七錨方便減半繳以十二尺合銀四百二十三兩錢四分六埵八錨方便減半繳以十三尺合銀七百十三兩八錢二毫合繳以銀一千

一百二十六兩九錢五分 以上二項除留作分防張臘再撥

以上先後津貼累至十四次共銀一萬一千七百三十五兩三錢七分七厘

十月十七日

阿里批將食糧發多倫小需費源各津貼候飭局照發借各張曼等

再蒙諭速援宣印各章不貸繳

宣 欽差 撫臺 宣引阿撫出湖洲撫諾宣各津貼伴真如理由

發宣各高將各條引阿糧阿道伴宣條章

派各條第二各引阿內六十六員三一百員一百一員先後撫出湖洲德至報

節據兩排各員峯龍均詳勘驗屬實　碓椿寔係丈尺屬飭詳
撈椿不符藉追核查情形與手一再另派員董為籌濟俾免追慢
前碓加核計照嘗寔寫係土石料　算土方每方肆錢即一錢八分
方寔無切保摺繳請飭單兩來　會同督守佯款往查勘
該三品引河高有淤淺穩等設飭該弁俯所請律則事屬用心核
寔方價二元浮多所有送到清摺稟呈
鈞鑒伏乞
中堂
大人俯念要工恩准籌劃俾各該弁得以上緊趕辦迅速報竣實為德便

總俟再行以另有雜批後此設法調劑，目下惟當會同從權

確勘情形核實報銷，不任稍有浮冒，以節縻費，合併陳明

計呈清摺一扣

謹將承修引河內淤淺工段高寬長丈土方挑挖津貼銀數清摺

恭呈

鈞覽

計開

第六十六段陽封汛縣丞委員王瓘之挑出淤淺工長十七丈寬十六丈

係一丈只計土二千七百二十方每方銀一錢八分共銀四百八十九兩六錢

第一百段階村汛記名外委潘清奉挑出淤泥上寬二十四丈下寬十六丈約深八尺共十丈約計土一千六百方每方銀一錢八分共銀二百八十八兩

第一百一段曹下汛千總孫錦銀挑出淤泥上寬二十四丈下寬十六丈約深八尺共十丈約計土一千六百方每方銀一錢八分共銀二百八十八兩

以上共工三段共土五千九百二十方每方津貼銀一錢八分共銀一千六十五兩六錢

十月十二日

照單批撥急辦挑費等項除按籌款信飭局迅發以資藉應令即妥辦外

貸撥

寧 領足（撥照單）寧道札查明引河土方數呈送請撥由

札寧道接奉

飭札（呈札）以引河挑土方數自應從

奏報後現又出土若干

飭即查明通工引河挑出十月十二日止共計挑出土方若干速為具文稟

分工程繕摺逐一查核等因當經已即會同殷守備確核通

工土方計截至本月十五日止總共實計共有五分餘工當乘此天時晴暖

霽俯沿河催修分條分段上下往來督催工員加緊儹辦總期依限

完竣俾免遲悞俟將來全工所有引河續完分數繕具簡摺恭呈

電鑒伏候

中堂

大人察核奪　慶熹西工稟

計呈清摺一扣

謹將引河現在挑挖分數繕摺呈

電

計開

現在出土八分者十七萬

五六七分者一百九十餘萬

三四分者十餘萬

通共連計約有五分餘工

軍閥非雲軍請防原派韓壓引河灌城聞令迅速趕工由

發軍長六初四一号 蔣總會電軍請

請務派委員彈壓引河事

書旨 推堂 批准虞城周令因河務馳赴山東直達提銀兩俟差竣到工

再飭前往彈壓等因當已知照在案○○查山東解銀已陸續解到虞

城周令自己差竣聞往返今未擬到工彈壓現當引河吃緊之時人夫

甚多亟須委員督兵彈壓之責以期周密用再具函佈乞

大人俯賜檄催該令趕日來工親兵彈壓以昭慎重至為公便

十月十七日

河里批催該令趕工彈壓檄

據專批卿祥々從前即飭霍城周令迅速來々核實詳覆勿任再延併
飭將到々日期通報查考繳
呈 欽差 撫憲 呈請估修々兩房銀數呈送估冊由
聯呈正宗四詳々引回逃下修々補々協經勘估需員承批其通及
保小懷部明時勘估批各存案卷據保將通判丁倅關儀稱查
王世相呈稱々關場北路五堡歸々迤東小壤下首涸出新灘應行修
估修々以免後時勘估批轉派多費計々三段共長三百六十丈共估土三萬
七百三十方每方銀三錢五分共銀一萬七百五十五兩五錢呈送估冊前來

○一 飭諭該工程勘估明歷要工應估挑並及各處文武相符確核

所估方價亦無浮多，挑即委令下南河同知王匹魁日集夫承挑，總限

本月二十五日完竣，該船候驗，內除沿岸務挑，絡寬方便船兩行，理合併

具結稟送，伏乞

中堂
大人鑒核批示飭辦，實為公便。再此次所有閘出一切應發夫工錢糧，仍歸撥

批據稟內辦妥，合併聲明。

奉欽差撫憲 奉憲札開，奉委王得印接辦陳永春所遺累工由

詳奉委飭派委續到河下河方倅二州睢寧署倅會字營擄一百

八千三百两引河帑，由存交王得印，日前挪存垂陈〻雨春之子宾帑陈求
青而挑引河请领银两，于十月十五日具帑，嗣因该两存水较大，水
库不乾，土工甚难，而须请领方便，共计七成银两，而通所用，实核计工
程。彼时系今冬要工，较出于需费工多，且经交春，至十一月十二日经问
情急，自愿请求恩施等语。经该分缺等会勘，土工甚近，今交春
回涨，省水渐累，且阻察查情形，他人未果，多致当贷，必紧之际，
未便停工，拟即责成帑办存交王得印，接续办法，该四分工程，底
土较多，所剩三成银两，似应不实办理。现该筹剩，俾接办之人不

設詞壓而期遠後等情。當即會同殷寺丁倅往勘屬查得到
王得印及陳永春之子南甯房情已查明破房即照分作所議委
令幫辦委員王得印估價據辦以免遲悞其辰土山湖西頭郡雜
自應會同陳姓另委核實具禀飭另任楮有律湿講待所遣一
一萬八千二百兩引旧委弁據抛得由陳諮局知照務祈合詳明

十月二十四日

據呈批據稟已悉查陳永春所遺基地即令幫辦委員王得印據
西圍屋等經理俾與陳永春之子二房更據實協以免爭端做

奉欽差總河堂 筆摺河堤道來估挑引河頭工程呈道估冊由
奉筆示會典詳工引河頭南河頭日前崇
奉旨以呈 面諭撥於摺內提道來先行估挑一疏以免臨期擔延所得費用等
因查前移行經理之條前往確估前據筆道估冊前來了已撥工程
移文又相會所需方價六典上之疏撥該估計是否符合擬即派委勘
尋撫佐詳補右西省合西照令照日來天疑照批撥了似屬合同
須多條此刻往來替條儘由不符歸多年近隣照行撥成費部核合將
送到估冊拿呈候己

中堂
大人審核批示祇遵

計呈估冊一本

總局稟

將等本擬稟

欽差批
批查
批查綫路引河與去年引河挑出淤地界之謹借津館兩碍

由彷局議借貴界因李司等查驗之引河先擇經借年之

與貴引河館石鋪扣存便貴館七鋪以便界之津館儀之引河所

經界之津館年多經歸引河隨下之築錢出次祥之引河至界錢長

批出湖北地界引各票錢價自應仿照舊章擇其最上等按定每票如

津貼由局給發歸於引價下帶收造報其每票應領運費十兩需

津貼銀一萬一千七百三十餘兩湖北三成需津貼銀一千六十餘兩共計津

貼銀一萬二千八百兩有零覆核尚可抵節除咨兩湖總督轉飭其知照

外期限遵令完將所有核議緣由理合會摺

奏核

再欽奉
撫憲
案一百十二號引河淮鹽諸津貼由

據余寅為第一百十二號引河底土水淤多今將來工得即核批案內

另核津貼總詰
寧利所累前據多依方估當估合算查得該兩壩淤底土計共一萬八
丈深四尺應出土五千五百二十餘方按乾土挑挖給辦核給每方津貼
銀二錢作要工剋期迅速偹摺總請核辦前來令自殷寄丁停浪
查丈正土方係原初勘驗小港情形較前實王埝天等兩帶尚豁土
所請津貼未免過多詳加覈核每方擬准津貼銀一錢五分似尚辦理
除批飭寧道迅趕緊挑挖不任再延合將逕辦情形理合電呈
電伏乞

中堂大人俯賜照准飭局核發實爲德便

本年欽差撫憲本道札會勘引河頭及淤灘撥估並挑另估稠小港汊等段呈送圖幅由

卑本年大挑案

憲札日昨憲札以總局司道具呈引河頭及新生淤灘形勢妥還

飭即會同履勘詳細妥議通籌辦理等因當經卑職即親赴引河頭

會同在壩江浦各員並原估引河停備逐細履勘情形再四商酌

估挑河頭水淤灘等段撥抵各員經時體察隨據各員公同確估妥籌辦理

前次會同勘查得現因大河溜勢已提前估引河頭及新生淤灘情形

砥祓引河时形势不顺西岸相机估挑若仅接挑偏溜未免逼刷滩岸
搬于前案搁河坝外边估接挑引河二段上段深一丈上下口牵宽六十八丈六尺
牵长五十八丈下段深二丈四尺上下口牵宽六十八丈五尺牵长二十七丈五尺共土
八万六百七十方此项工程曾亦已饬前挑引河首段力期竣追后跟一
月完竣亟须趁早攒办方与全河一律铅成方价一项不得不酌量加
增以期迅速今分饬核计每方牵银二钱九一两共需银七万三千五
百三十六两八钱五分七厘五毫所出之土即以培筑该河搁堤长一百二十丈
以防漫水除方价不估外每方仅估锹硪工价银八分共计银四百八十两

又东坝上首当需添作兜水坝一道长一百二十丈拦河时沉石托溜东趋
暗入新河无石之处并护东坝坝身似亦稍有裨益该坝取土之处一百五十丈以
外每方摊估银三钱共银一千九百四十四两统共银七万五千九百六十两
八钱五分七厘五毫绘图贴说呈送前来详加覆查所议诚属合宜
两坝均应急办拟照方价六折撙节惟该工较为挑引河道迟速日饬
委员迅速趱工庶不致有停坝待河之虞所有两处人员
拟请仿照仪工办理
遴委皆系二员现则四员务同心协力趱工俾令常川住工督办

估原做石坝當差者不致再令重創坝上事宜俾免藉延以專責成

旨勅令二十號護向任務速至五月當伏候

中堂
大人察核批示祇遵再乃之慮再查內頭淤灘迤上現今又估捆小埝一道其

下首原築之捆內坝而以先行起除俾與灘平似免河身高二丈四尺作為

重門捍禦將來挖挑亦易施工此禀

覈派印委估挑合併陳明

再家在現估小土坝築成後將來上水一面及坝頭或應排樁排柳

及秸廂裹以護之處隨時察看形勢再行酌辦合併附禀

十二月二十三日

欽奉批從以後遇有要件勿得稍形延緩致干參處欽此

仍奉批飭擬勤所加應如理之已移會叢部咨委員以協備王才上南字

備王正慶等帶領汛兵四名勤限於二十日内僅抵速誤該處移嚴

係呈在撫批毋任由剖捨延信誤錯延主印字稍五摘內該一節已於另

札飭令李慶翔欽此

抄奉批本慶緊業行

仍移會同衙委王守備等赴局候部僅亦只札飭該員督依限

粟仍即呈照另撥事理督令該府該備等多多僱人夫長分晝夜
攢造修築保障四府以成完報如有違延遲延貽悞要工即日參
揭發參
奉欽差
撫臺 手諭督令江境先期試放諸水以免阻道由
移奉右需署 前手諭
咨江境先期預放綿綿諸水緣由仰冀
撫院覧會察昭案
行知 兩河部院具奏修挑呈河漕漕臨內遵照十一月初二日具挑理五十方

贛克計期已在臘月下旬前查詳之大概近日迅速順利爲分行所
六㯌涇縣贛克下游濟之係之原定本月二十五左右歷程清水市界而
停待計十二月初旬亦安當一律照辦不能再延因恩江境地之處下游
縣須先期試辦以免泥道因特再達佈啓

中丞
大人 俯賜查照再啓

江南河部書係期照辦應不誤時停待盡力不便

十月二十五日

江南抄已發出　江南河部書呈月河務處係令赶辦之徼

事以重字請補修而挑溝工程之各處迅速趕辦刻日辦完由

該字各富查引河迤下溝工程尤須事

隨派委各廳員經補而修而挑挖限二十日完竣派委前查詳工兩相達

日進行頗據迅速順利年內無期合龍所有引河溝工程尤先行完竣

以便試放清水所深複冒將擔挑中擔時頗費計非半日不能蕆事

查引河工程屢禀

擬俟了二會同勘守工停時刻往來傳係各處向有報完並備保各文

名次其所急迫令限期已過當來有報請一寓陳無札移保好御題

大人備四川河迅錫之一併補俟伊到之日批後酌候

駐收後試敘清而擬批接界察不波臨時停待貼提賽遞候

十一月二十五日

批奉諭旨先已節擬發備前後稽查嚴飭趕辦語言務再觀勵

上下諸僚想曰貌是切之滌

宇館長攝堂寧而批引河後先竟後諸分別試勵由

發寧五商四詳工引河分段承批節當

東大撫院錄備〇〇會同敘傳下傳上下往來嚴切諸備不停近後節派

第三段係丁令呈報一百二十六七段所挑工段資外千總詳上瓜北
嗣據係劉基稟稱挑挖工段於本月二十日一律全完又作第四段即係
方係蕭係呈報第二百二十段所挑工員屬不及頗好好處謝松山字報
挑工完竣當俟各分係驗收後並會同新守丁係逐段覆驗實
係四段挑挖均已完竣查所挑引河首先轉段應請
傳知堅如前次所示適工程合具會伏乞
大人俯賜察核諭飭千總劉基
奏保以資備用外附謝松山道前分防缺出即先行補給千牌照一

待備道ニ伴明潮勤出可当伏候

御示被下

十月二十七日

此里松居從道ニ交設於社御除寄着候該忌時順情形原り分

別功道稼負由理徹

字

欽差 測量

字南十五引向三先佐向頭四丈興ニ核收訪迄ニ呉龍請奏劉

槍曹由

打軍兵隊依ニ兵引向張並軍稼而依ニ南十兵引向及也掘引向頭

四紋五丁武國防務刑務或因仿辦在後若以標繳發其河匯遞至半月
市價頗滯力請修自去年夏以迄延緩時間係匯解前再三籌部領
有盡應撥抵應兩年撥合龍之期若以撥抵方價即借撥工費應不敷
如照隊已出之土不敷從請準照其未出之土數請部籌劑俾免
追後擲將上十段共未出土四萬八百七方一分每方加銀三錢計銀一萬二
千二百四十二兩一錢三分另四段共未出土二萬八千三百六十五方二分每
方加銀四錢計銀一萬一千三百四十六兩八分俾得撥手辦理畢日銷完
等情○○覆加查核係屬實在情形所請加增亦屬核實合併恭摺仰乞

大人俯念要工將甫垂成亦理十分急迫恩准如數全籌劃飭局照數查如以便

河憲批照所請已勘核各處准即飭局發給務須撥項撥批迅速

部文毋稍遲延追發于本咨徹

憲 欽差 批查 憲上年引河核罪名亦須續題律治以資懲由

於憲在案四上年引河前因批挖後辦理河工止擇其情形以緊辦辦在先

另案憲票

恩准全籌劃撥工費及未題撥在案兩項引河前挖至三千餘丈者尋常都河壅漏

憲報果無實多行日會同終予依劃河撥論給七百撥批不得八挖出總系

即冀律例並行條約也至務求依西國公法核何者是凡書出為之責

緣之字求律例語西律來勘查條例嚴論錄出而其中並有翻譯不止此

此段全書長短不一體籌劃俾得早完經譯之法核對前來昌會同

飭等丁韙良加勘核以法所韶該書局總辦先行駁減不准藉詞延誤

其有應刑者果能挑揀翻譯若此律例能翻譯刻期報竣免致不得不再延

圓稿備此上籌劃庶免員擬之憚此書律告成謹將遵到清摺核呈轉呈伏候

中堂
大人察核并請俯賜批發無任遵德之便

計呈清摺一扣

祥工奏銷

大垻例價銷冊

下南河廳屬

祥符上汛三十一堡無工處所於道光二十一年伏汛黃河水勢異漲

六月十六日卯時又復接長灘水溢過堤頂

漫塌二十餘丈幸未掣動大溜距河尚

有一千餘丈惟通河進水溝槽刷有十餘

道內正北東北二道尤為寬深當即調集

員弁兵夫一面飭提銀錢一面趕緊撥運料
物竭七晝夜之力將各潏槽一律堵截僅
餘東北大潏一道方幸漲水消退即可堵
閉正在兩邉土料並進併於上首灘唇搶抛
磚石埧挑禦詎料二十二日戌刻大溜南卧
勢若排山由東北大潏直趋下注缺口立

即刷寬八十餘丈掣溜七分人力难施
迨後溜勢益見涵湧二十五日以後口門捜刷
愈寬溜勢全逼下游正河斷流仰蒙
奏明口門兩岸裹頭埽赶緊廂做盤壓穩𡒄以免塌寬撥餉購
料築埧挑河查量口門自新築西埧頭至
東埧頭計寬三百三丈于道光二十一年十

月二十日興工二十二年二月初八日合龍穩固

所有做过土埽碎石工程用过錢粮係

奏明稭蔴土方加價銀兩確核造冊詳請攤征歸款外合將例價

銀兩照例分别銷賠確核造報理合声明

一大壩共長三百三丈由西壩進第一段門埽長三十三丈進埽三

十三路内十三路二層二十路三層各長十五

丈共用長十丈高一丈埽一百二十九個每

埽一个用

柳一千八百束無柳以秫稭代用秫稭二千四百束每束銀二分

七厘共銀六十四兩八錢

椿十株每株圍圓三尺二寸長三丈五尺購辦在二百五十里價

脚銀九錢三分五厘共銀九兩三錢五分

草一千八百束每束銀五厘四毫共銀九兩七錢二分

縷二百套每套銀二分七厘共銀五兩四錢

纜二百條每條銀二分二厘五毫共銀四兩五錢

五觔重箍頭繩七十條

五十斤重滚肚繩六條

五十斤重揪頭繩四條

五十斤重穿心繩一條共蔴九百斤每斤銀二分八厘八毫共銀二十五兩九錢一分
抉四十段柳中取用不計錢粮
塡埽眼柳三百束無柳以秫稭代用秫稭四百束每束銀二分
七厘共銀十兩八錢
塡埽眼草三百束每束銀五厘四毫共銀一兩六錢二分
搬料拉埽添募夫一百名每名日給銀四分共銀四兩

以上埽一个計銀一百三十六兩一錢一分共埽
一百二十九個共銀一萬七千五百五十八兩一
錢九分
西埧進第二段門 埽長四十丈五尺東埧進第一段門埽長十七
丈五尺共長五十八丈進埽五十八路內四
十路五分三層 十七路五分二層各長十五丈

共用長十丈高一丈埽二百三十四个七分
五厘每埽一个用
柳一千八百束無柳以秫稭代用秫稭二千四百束每束銀二分
七厘共銀六十四兩八錢
椿十株每株圍圓三尺二寸長三丈五尺購辦在二百五十里價
脚銀九錢三分五厘共銀九兩三錢五分

草一千八百束每束銀五厘四毫共銀九兩七錢二分
縷二百套每套銀二分七厘共銀五兩四錢
纜二百條每條銀二分二厘五毫共銀四兩五錢
五斤重鞭頭繩七十條、
五十斤重滚肚繩六條
五十斤重揪頭繩四條

五十斤重穿心繩一條共蔴九百斤每斤銀二分八厘八毫共銀二十五兩九錢二分

挨四十段柳中取用不計錢粮

填埽眼柳三百束無柳以秫稭代用秫稭四百束每束銀

二分七厘共銀十兩八錢

填埽眼草三百束每束銀五厘四毫共銀一兩六錢二分

搬料拉埽添募夫一百名每名日給銀四分共銀四兩

以上埽一个計銀一百三十六兩一錢一分共埽
二百三十四个七分五厘共銀三萬一千九百
五十一兩八銭二分二厘
西垻進第三段門埽長三十六丈五尺東垻進第二段門埽長三
十九丈二尺共長七十五丈七尺進埽七十五
路七分三層各長十五丈共用長十丈高

一丈埽三百四十个六分五厘每埽一个用

柳一千八百束無柳以秫稭代用秫稭二千四百束每束銀二分

七厘共銀六十四两八錢

椿十株每株圍圓三尺二寸長三丈五尺購辦在二百五十里

價脚銀九錢三分五厘共銀九两三錢五分

草一千八百束每束銀五厘四毫共銀九两七錢二分

纓二百套每套銀二分七厘共銀五兩四錢

纜二百條每條銀二分二厘五毫共銀四兩五錢

五斤重箍頭繩七十條

五十斤重滚肚繩六條

五十觔重揪頭繩四條

五十斤重穿心繩一條共蔴九百斤每斤銀二分八厘八毫共銀

二十五兩九錢二分

柍四十段柳中取用不計錢粮

塡埽脹柳三百束無柳以秫稭代用秫稭四百束每束銀二分七厘共銀十兩八錢

塡埽眼草三百束每束銀五厘四毫共銀一兩六錢二分

搬料拉埽添募夫一百名每名日給銀四分共銀四兩

以上埽一个計銀一百三十六兩一錢一分共埽三

百四十个六分五厘共銀四萬六千三百
六十五両八錢七分二厘
西壩進第四段門埽長二十丈五尺東壩進第三段門埽長三
十六丈七尺共長五十七丈二尺進埽五十
七路二分三層各長十五丈共用長十丈
高一丈埽二百五十七个四分每埽一

个用

柳一千八百束無柳以秫稭代用秫稭二千四百束每束銀二分
七厘共銀六十四兩八錢

椿十株每株圍圓三尺二寸長三丈五尺購辦在二百五十里價
脚銀九錢三分五厘共銀九兩三錢五分

草一千八百束每束銀五厘四毫共銀九兩七錢二分

縷二百套每套銀二分七厘共銀五兩四錢
纜二百條每條銀二分二厘五毫共銀四兩五錢
五斤重箍頭繩七十條
五十斤重滚肚繩六條
五十斤重揪頭繩四條
五十斤重穿心繩一條共蔴九百斤每斤銀二分八厘八毫

共銀二十五兩九錢二分

𣏌四十段柳中取用不計錢粮

填埽眼柳三百束無柳以秫稭代用秫稭四百束每束銀

二分七厘共銀十兩八錢

填埽眼草三百束每束銀五厘四毫共銀一兩六錢二分

搬料拉埽添募夫一百名每名日給銀四分共銀四兩

以上埽一个計銀一百三十六兩一錢一分共埽二百五十七个四分共銀三萬五千三十四兩七錢一分四厘

西埧進第五段門埽長三十八丈五尺東埧進第四段門埽長三十六丈六尺共長七十五丈一尺進埽七十五路一分內二十五路一分七層五十路八層各長十五

丈共用長十丈高一丈埽八百六十三个五
分五厘每埽一个用
柳一千八百束無柳以秫稭代用秫稭二千四百束每束銀二
分七厘共銀六十四兩八錢
椿十株每株圍圓三尺八寸長四丈一尺購辦在二百五十里價
脚銀一兩四錢四分五厘共銀十四兩四錢五分

草一千八百束 每束銀五厘四毫共銀九兩七錢二分

縷二百套每套銀二分七厘共銀五兩四錢

纜二百條每條銀二分二厘五毫共銀四兩五錢

五斤重䉛頭繩七十條

五十斤重滚肚繩六條

五十斤重楸頭繩四條

五十斤重穿心繩一條共蔴九百斤每斤銀二分八厘八毫共銀二十五兩九錢二分

柍四十段柳中取用不計錢粮

填埽眼柳三百束無柳以秫稭代用秫稭四百束每束銀

二分七厘共銀十兩八錢

填埽眼草三百束每束銀五厘四毫共銀一兩六錢二分

搬料拉埽添募夫一百名每名日給銀四分共銀四兩

以上埽一个計銀一百四十一兩二錢一分共埽八百六十三個五分五厘共銀十二萬一千九百四十一兩八錢九分五厘

正龍門門埽長四丈進埽四路八層各長十五丈共用長十丈高二丈埽四十八个每埽一个用柳一千八百束無柳以秫稭代用秫稭二千四百束每束銀二

分七厘共銀六十四兩八錢

椿十株每株圍圓三尺八寸長四丈一尺購辦在二百五十里

價脚銀一兩四錢四分五厘共銀十四兩四

錢五分

草一千八百束每束銀五厘四毫共銀九兩七錢二分

纓二百套每套銀二分七厘共銀五兩四錢

纜二百條每條銀二分二厘五毫共銀四兩五錢

五斤重䌟頭繩七十條

五十斤重滾肚繩六條

五十斤重揪頭繩四條

五十斤重穿心繩一條共蔴九百觔每觔銀二分八厘八毫共銀二十五兩九錢二分

杴四十段柳中取用不計錢粮

填埽眼柳三百束無柳以秫稭代用秫稭四百束每束銀二分七厘共銀十兩八錢

填埽眼草三百束每束銀五厘四毫共銀一兩六錢二分

搬料拉埽添募夫一百名每名日給銀四分共銀四兩

以上埽一个計銀一百四十一兩二錢一分共埽四十八个共銀六千七百七十八兩八分

以上埽个共艮二十五万九千六百三十两五錢七分三厘

前工埽上普律加廂長三百三丈寬十五丈高三丈五尺計单

長十五万九千七十五丈每丈用秫稭三

十三束二分蔴九觔土半方共用

秫稭五百二十八万一千二百九十束每束艮二分七厘共艮十四

万二千五百九十四两八錢三分

蔴一百四十三万一千六百七十五斤每斤艮二分八厘八毫共艮四

万一千二百三十二两二錢四分

搬料壓土河兵不敷每丈添募夫二名共夫三十一万八千一百五

十名每名日給銀四分共艮一萬二千七百二

十六两

以上加廂共艮十九万六千五百五十三两七分

計大壩連加廂二共艮四十五万六千一百八十三兩六錢

四分三厘

大壩上水边埽長三百三丈寛七丈边埽裡面澆築夾土壩長

三百三丈寛二丈隨兩壩边埽填築合

併声明

西壩進第一段边埽長三十三丈兜纜軟廂寛七丈内十三丈深

二丈二十丈深三丈計单長六千二十丈

夹土垻填土寛二丈内長十三丈深二丈計土五百二十方長二
十丈深三丈計土一千二百方共土一千七
百二十方

西垻進第二段边埽長四十丈五尺東垻進第一段边埽長
十七丈五尺共長五十八丈兜纜軟廂

寬七丈内四十丈五尺深三丈十七丈五尺

深二丈計单長一万九百五十五丈

夾土壩填土寬二丈西壩長四十丈五尺深三丈計土二千四

百三十方東壩長十七丈五尺深二丈計土

七百方共土三千一百三十方

西壩進第三段边埽長三十六丈五尺東壩進第二段边埽長

三十九丈二尺共長七十五丈七尺兜纜軟廂寬七丈深三丈計單長一万五千八百九十七丈

夾土壩填土寬二丈西壩長三十六丈五尺東壩長三十九丈二尺共長七十五丈七尺深三丈計土四千五百四十二方

西埧進第四段边埽長二十丈五尺東埧進第三段边埽長三
十六丈七尺共長五十七丈二尺攬纜軟廂寬
七丈深三丈 計単長一万二千一十二丈
夾土埧填土寬二丈西埧長二十丈五尺東埧長三十六丈七尺
共長五十七丈二尺深三丈計土三千四百
三十二方

西垻進第五段边埽長三十八丈五尺東垻進第四段边埽長三十六丈六尺共長七十五丈一尺兠纜軟廂

寛七丈内二十五丈一尺深七丈五十丈深八丈計单長四万二百九十九丈

夾土垻填土寛二丈西垻長三十八丈五尺東垻長三十六丈六尺

共長七十五丈一尺内長二十五丈一尺深七丈

計土三千五百一十四方長五十丈深八丈計
土八千方共土一万一千五百一十四方
正龍門边埽長四丈攬纜軟廂寬七丈深八丈計単長二千
二百四十丈
夾土壩填土寬二丈深八丈計土六百四十方
以上共計単長八万七千四百二十三丈每丈用

秫稭三十束八分蔴十三斤半土半方

共用

秫稭二百六十九万二千六百二十八束四分每束艮二分

七厘共艮七万二千七百両九錢六分

七厘

蔴一百一十八万二百一十斤五分每斤艮二分八厘八

毫共艮三万三千九百九十兩六分二厘

搬料壓土河兵不敷每丈添募夫二名共夫十七万四千

八百四十六名每名日給艮四分共

艮六千九百九十三兩八錢四分

夾土垻共土二万四千九百七十八方每方艮九分六

厘共艮二千三百九十七兩八錢八分八厘、

以上埽工連夾土垻共長十一万六千八十二

兩七錢五分七釐

前工埽上普律加廂長三百三丈連夾土垻寬九丈高三丈

五尺共計单長九万五千四百四十五丈

每丈用秫稭三十三束二分蔴九斤土半

方共用

秫稭三百一十六万八千七百七十四束每束艮二分七厘共
艮八万五千五百五十六兩八錢九分
八厘

蔴八十五万九千五斤每斤艮二分八厘八毫共艮二万
四千七百三十九兩三錢四分四厘

搬料壓土河兵不敷每丈添募夫二名共夫十九万八百九

十名每名日給艮四分共艮七千六百三
十五両六錢
以上加廂共艮十一万七千九百三十一両八錢四
分二厘
計上辺帰連加廂并央土垻三共艮二十三万四千
一千四両五錢九分九厘

大垻下水边埽長三百三丈寬五丈边埽裡面澆築夾土垻

長三百三丈寬一丈隨兩垻边埽填築

合併声明

西垻進第一段边埽長三十三丈兜纜軟廂寬五丈內十三

丈深二丈二十丈深三丈計単長四千

三百丈

夾土壩填土寬一丈內長十三丈深二丈 計土二百六十方

長二十丈深三丈 計土六百方 共土八百

六十方

西壩進第二段边埽長四十丈五尺東壩進第一段边埽長十七

丈五尺共長五十八丈 兜纜軟廂寬

五丈內四十丈五尺深三丈 十七丈

五尺深二丈計單長七千八百二十
五丈

夾土埧填土寬一丈西埧長四十丈五尺深三丈計土一
千二百一十五方東埧長十七丈五尺
深二丈計土三百五十方共土一千五
百六十五方

西垻進第三段边埽長三十六丈五尺東垻進第二段边

埽長三十九丈二尺共長七十五丈七

尺兠纜軟廂寬五丈深三丈計单

長一万一千三百五十五丈

夾土垻填土寬一丈西垻長三十六丈五尺東垻長

三十九丈二尺共長七十五丈七

尺深三丈　計土二千二百七十
一方
西垻進第四段边埽長二十丈五尺東垻進第三段边
埽長三十六丈七尺共長五十七丈二
尺攙纜軟廂寬五丈深三丈　計單
長八千五百八十丈

夾土埧填土寬一丈西埧長二十丈五尺東埧長三十六
丈七尺共長五十七丈二尺深三丈計土
一千七百一十六方
西埧進第五叚边埽長三十八丈五尺東埧進第四叚边埽
長三十六丈六尺共長七十五丈一尺撓纜
軟廂寬五丈内二十五丈一尺深七丈五十

丈深八大計单長二万八千七百八十五丈

夹土垻填土寬一丈西垻長三十八丈五尺東垻長三十六丈六尺共長七十五丈一尺内長二十五丈一尺深七丈計土一千七百五十七方長五十丈深八丈計土四千方共土五千七百五十七方

正龍門边埽長四丈兆纜軟厢寬五丈深八丈計单長一

千六百丈

夾土壩填土寬一丈深八丈計土三百二十方

以上共計單長六万二千四百四十五丈每

丈用秫稭三十束八分蔴十三斤半

土半方共用

秫稭一百九十二万三千三百六束每束銀二分七厘共艮五

万一千九百二十九两二錢六分二厘

蔴八十四万三千七斤五分每斤艮二分八厘八毫共艮二

万四千二百七十八两六錢一分六厘

搬料壓土河兵不敷每丈添募夫二名共夫十二万四千

八百九十名每名日給艮四分共艮四

千九百九十五两六錢

夾土垻共土一万二千四百八十九方每方艮九分六厘共

艮一千一百九十八兩九錢四分四厘

以上埽工連夾土垻共艮八万二千四百二兩

四錢二分二厘

前工埽上普律加廂長三百三丈連夾土垻寬六丈高三丈

五尺共計单長六万三千六百三十丈每

丈用秫稭三十三束二分蔴九斤土半方

共用

秫稭二百一十一万二千五百一十六束每束艮二分七厘共艮

五万七千三十七兩九錢三分二厘

蔴五十七万二千六百七十斤每斤艮二分八厘八毫共艮

一万六千四百九十二兩八錢九分六厘

搬料壓土河兵不敷每丈添募夫二名共夫十二万七千二百
六十名每名日給銀四分共良五千九十两
四錢
以上加廂共良七万八千六百二十一两二錢二
分八厘
計下边埽連加廂並夾土垻共良十六万一千二十

三兩六錢五分

以上大壩正埽連边埽並夾土壩通共银八十五万一千二百二十一兩八錢九分二厘

西大壩基土工長五十丈内有滈形牽寬四十丈牽深二尺四寸

今築壩基先填滈形長四十丈頂寬二十二

丈底寬二十三丈二尺深二尺四寸填與地
平每丈土五十四方二分四厘共土二千
一百六十九方六分再于上面築做壩基
長五十丈頂寬十六丈底寬二十二丈高
一丈二尺每丈土二百二十八方共土一万
一千四百方二共土一万三千五百六十九

方六分

再於壩基南面展寬先填窪形頂長二十三丈六尺底長二十四丈二尺頂底均寬十四丈高二尺与灘面平每丈土二十八方共土六百六十九方二分再于上面隨坦加幫頂長二十丈底牵長二十三丈六尺頂底均寬十

四丈高一丈二尺与埧基頂平每丈土二百
六十八方共土三千六百六十二方四分再
於埧頭接長先填窪形南長十一丈北
无長頂寬三十六丈底寬三十七丈高
二尺与滩面平每丈土七十三方共土四
百一方五分再于上面接長埧頭南長十

一丈北兜長頂寬三十丈底寬三十六丈

高一丈二尺与壩基頂平每丈土三百

九十六方共土二千一百七十八方四分共土

六千九百一十一方一分

接築壩尾土工長一千三百九十丈分十段內

第一段工長八十丈內有溝形牽寬二十丈牽深二尺

今築壩尾先填滴形長二十丈頂寬六丈底寬七丈深二尺填与地平每丈土十三方共土二百六十方再于上面築做壩尾長八十丈頂寬三丈底寬六丈高六尺每丈土二十七方共土二千一百六十方二共土二千四百二十方

第二段工長一百二十丈內有滴形二處第一處滴形牽
寬四十三丈牽深三尺第二處滴形
牽寬十丈牽深二尺四寸
今築埧尾先填第一處滴形長四十三丈
頂寬六丈底寬七丈五尺深三尺填與
地平每丈土二十方二分五厘共土八百七

十方七分五厘再填第二處濟形長十
丈頂寬六丈底寬七丈二尺深二尺四寸
填與地平每丈土十五方八分四厘共土
一百五十八方四分再于上面築做埧尾長
一百二十丈頂寬三丈底寬六丈高六尺
每丈土二十七方共土三千二百四十方三

共土四千二百六十九方一分五厘

第三段工長一百六十丈内有濂形牵寛五十一丈牵深

二尺四寸

今築埧尾先填濂形長五十一丈頂寛六

丈底寛七丈二尺深二尺四寸填与地平

每丈土十五方八分四厘共土八百七方

八分四厘再于上面築做垻尾長一百六十丈頂寬三丈底寬六丈高六尺每丈土二十七方共土四千三百二十方二共土五千一百二十七方八分四厘

第四段工長一百五十丈内有溝形牵寬五十丈牵深一尺八寸

今築壩尾先填滴形長五十丈頂寬六丈底寬六丈九尺深一尺八寸填与地平每丈土十一方六分一厘共土五百八十方五分再于上面築做壩尾長一百五十丈頂寬三丈底寬六丈高六尺每丈土二十七方共土四千五十方二共

土四千六百三十方五分

第五段工長一百三十丈内有𣸣形二處第一處𣸣形

牽寛三十三丈牽深二尺第二處𣸣

形牽寛五十丈牽深二尺二寸

今築垻尾先填第一處𣸣形長三十三丈

頂寛六丈底寛七丈深二尺填与地平

每丈土十三方共土四百二十九方再填
第二處滴形長五十丈頂寬六丈底寬
七丈一尺深二尺二寸填与地平每丈土
十四方四分一厘共土七百二十方五分再于
上面築做垻尾長一百三十丈頂寬三丈
底寬六丈高六尺每丈土二十七方共

土三千五百一十方三共土四千六百五十

九方五分

第六段工長一百五十丈內有溝形牽寬四十六丈牽深

二尺六寸

今築損尾先填溝形長四十六丈頂寬六

大底寬七丈三尺深二尺六寸填與地

平每丈土十七方二分九厘共土七百九十
五方二分四厘再于上面築做垻尾長
一百五十丈頂寬三丈底寬六丈高六
尺每丈土二十七方共土四千五十方二共
土四千八百四十五方三分四厘
第七段工長一百三十丈內有灘形牽寬九十丈牽深

三尺

今築垻尾先填薄形長九十丈頂寬六
丈底寬七丈五尺深三尺填与地平每
丈土二十方二分五厘共土一千八百二十
二方五分再于上面築做垻尾長一百三
十丈頂寬三丈底寬六丈高六尺每

丈土二十七方共土三千五百一十方二共
土五千三百三十二方五分
第八段工長一百三十丈内有潰形牵寬九十五丈牵
深三尺
今築埧尾先填潰形長九十五丈頂寬六丈
底寬七丈五尺深三尺填与地平每丈土二十

方二分五厘共土一千九百二十三方七分五厘再于上面築做壩尾長一百三十丈頂寬三丈底寬六丈高六尺每丈土二十七方共土三千五百一十方二共土五千四百三十三方七分五厘

第九段工長一百二十丈内有潏形牵寬七十四丈牵

深三尺

今築壩尾先填漓形長七十四丈頂寬

六丈底寬七丈五尺深三尺填與地

平每丈土二十方二分五厘共土一千

四百九十八方五分再于上面築做壩尾

長一百二十丈頂寬三丈底寬六丈高六

尺每丈土二十七方共土三千二百四十
方二共土四千七百三十八方五分

第十段工長二百二十丈

今築埧尾頂寬三丈底寬六丈高六尺每
丈土二十七方共土五千九百四十方
以上共土六万七千八百七十七方七分八厘

東大垻基土工長五十丈內有通身窪形牽深三尺
今築垻基先填通身窪形頂寬二十二丈底
寬二十三丈五尺深三尺填与灘面平
每丈土六十八方二分五厘共土三千四
百一十二方五分再于上面築做垻基
長五十丈頂寬十六丈底寬二十二

丈高一丈二尺每丈土二百二十八方共土
一万一千四百方二共土一万四千八百一十
二方五分
再于垻基北面展寬先填坑塘牽長十八丈牽寬
三十丈牽深三尺五寸填與灘面平每
丈土一百五方共土一千八百九十方再

于上面加帮頂長北十丈南二十丈牵長十五丈底長北十三丈六尺南二十三丈六尺牵長十八丈六尺頂底均寬三十五丈高一丈二尺与埧基頂平每丈土四百二十方共土七千五十六方二共土八千九百四十六方

接築埧尾土工長九百四十丈分八段内

第一段工長一百丈内有溝形牵寬六十丈牵深三尺

今築壩尾先填溝形長六十丈頂寬六丈底
寬七丈五尺深三尺填與灘面平每丈
土二十方二分五厘共土一千二百一十五方
再于上面築做壩尾長一百丈頂寬
三丈底寬六丈高六尺每丈土二十七
方共土二千七百方二共土三千九百一

十五方

第二段工長一百丈内有潃形䧟寬十五丈䧟深四尺

今築埧尾先填潃形長十五丈頂寬六丈

底寬八丈深四尺填與灘面平每丈土

二十八方共土四百二十方再于上面築

做埧尾長一百丈頂寬三丈底寬六丈

高六尺每丈土二十七方共土二千七百方

二共土三千一百二十方

第三段工長一百六十丈內有窪形牵寬一百四十丈牵

深二尺

今築塡尾先塡窪形長一百四十丈頂寬

六丈底寬七丈深二尺塡與灘面平每

丈土十三方共土一千八百二十方再于上
面築做埧尾長一百六十丈頂寛三丈
底寛六丈高六尺每丈土二十七方共
土四千三百二十方二共土六千一百四
十方

第四段工長七十丈

今築垻尾頂寬三丈底寬六丈高六尺

每丈土二十七方共土一千八百九十方

第五段工長二百二十丈內有溝形牽寬二百一十丈

牽深七尺

今築垻尾先填溝形長二百一十丈頂寬

六丈底寬九丈五尺深七尺填與灘面

平每丈土五十四方二分五厘共土一万
一千三百九十二方五分再於上面築做
垻尾長二百二十丈頂寛三丈底寛六
丈高六尺每丈土二十七方共土五千九
百四十方二共土一万七千三百三十二
方五分

第六段工長一百丈内有窪形牵寛八十丈牵深二尺

今築垻尾先填窪形長八十丈頂寛六丈

底寛七丈深二尺填与灘面平每丈土

十三方共土一千四十方再于上面築做

垻尾長一百丈頂寛三丈底寛六丈高

六尺每丈土二十七方共土二千七百方二

共土三千七百四十方

第七段工長一百丈內有窪形牽寬三十丈牽深二尺

今築壩尾先填窪形長三十丈頂寬六

丈底寬七丈深二尺填与灘面平每

丈土十三方共土三百九十方再于土上

面築做壩尾長一百丈頂寬三丈底

寛六丈高六尺每丈土二十七方共土
二千七百方二共土三千九十方

第八段工長九十丈内有窪形牽寛六十丈牽深一尺
六寸

今築垻尾先填窪形長六十丈頂寛六
丈底寛六丈八尺深一尺六寸填與灘

面平每丈土十方二分四厘共土六百一十

四方四分再于上面築做埧尾長九十

丈頂寬三丈底寬六丈高六尺每丈

土二十七方共土二千四百三十方二共

土三千四十四方四分

以上共土六万六千三十方四分

以上東西垻基垻尾土工共土十三万三千九百八方
一分八厘每方銀九分六厘共銀一萬二
千八百五十五兩一錢八分五厘
以上大垻正埽連邉埽夾土垻並垻基垻尾各工共
用料物土方例價銀八十六萬四千七十七兩七
分七厘

祥工奏銷

引河例價銷冊

下南河廳屬祥符上汛

一
引河頭起至河尾止工長一萬一千四百四十一丈內

第一段工長十二丈挑口寬六十二丈底寬五十丈四尺深二
丈九尺每丈土一千六百二十九方
八分共土一萬九千五百五十七
方六分

第二段工長十二丈挑口寬六十二丈底寬五十丈四尺深二丈
九尺每丈土一千六百二十九方

八分共土一萬九千五百五十七
方六分

第三段工長十二丈挑上口寬六十二丈底寬五十丈四尺下口
寬六十丈底寬四十八丈八尺
上深二丈九尺下深二丈八尺
每丈土一千五百七十六方五厘
共土一萬八千九百一十二方六分

第四段工長十二丈挑口寬六十丈底寬四十八丈八尺深

二丈八尺每丈土一千五百二十
三方二分共土一萬八千二百七
十八方四分
第五段工長十二丈挑口寬六十丈底寬四十八丈八尺深
二丈八尺每丈土一千五百二十
三方方二分共土一萬八千二
百七十八方四分
第六段工長十二丈挑口寬六十丈底寬四十八丈八尺

深二丈八尺每丈土一千五百二十三方二分共土一萬八千二百七十八方四分

第七段工長十二丈挑口寬六十丈底寬四十八丈八尺深二丈八尺每丈土一千五百二十三方二分共土一萬八千二百七十八方四分、

第八段工長十二丈挑口寬六十丈底寬四十八丈八尺深二

丈八尺每丈土一千五百二十三方
二分共土一萬八千二百七十八方四分
第九段工長十二丈挑口寬六十丈底寬四十八丈八尺深二丈
八尺每丈土一千五百二十三方二
分共土一萬八千二百七十八方四分
第十段工長十二丈五尺挑上口寬六十丈底寬四十八丈八尺
下口寬五十八丈底寬四十七丈
六尺上深二丈八尺下深二丈六

尺每丈土一千四百四十七方二分

共土一萬八千九十方

第十一段工長十二丈五尺挑上口寬五十八丈底寬四十七丈

六尺下口寬五十七丈底寬四十

七丈上深二丈六尺下深二丈五

尺每丈土一千三百三十六方二

分共土一萬六千七百二方五分

第十二段工長十二丈五尺挑上口寬五十七丈底寬四十七丈

下口寬五十六丈底寬四十六丈四尺上深二丈五尺下深二丈四尺每丈土一千二百六十四方二分共土一萬五千八百二方五分

第十三段工長十二丈五尺挑上口寬五十六丈底寬四十六丈四尺下口寬五十五丈六尺底寬四十六丈深二丈四尺每

丈土一千二百二十四方共土一萬五千三百方

第十四段工長十三丈挑上口寬五十五丈六尺底寬四十六丈下口寬五十五丈一尺底寬四十五丈五尺深二丈四尺每丈土一千二百一十三方二分共土一萬五千七百七十一方六分

第十五段工長十三丈挑上口寬五十五丈一尺底寬四

十五丈五尺下口寬五十四丈六尺
底寬四十五丈深二丈四尺每丈
土二千二百一方二分共土一萬五
千六百一十五方六分

第十六段工長十三丈挑上口寬五十四丈六尺底寬四十五
丈下口寬五十四丈一尺底寬四
十四丈五尺深二丈四尺每丈
土二千一百八十九方二分共土

一萬五千四百五十九方六分

第十七段工長十三丈挑上口寬五十四丈一尺底寬四十四丈五尺下口寬五十三丈六尺底寬四十四丈深二丈四尺每丈土一千一百七十七方二分共土一萬五千三百三方六分

第十八段工長十三丈五尺挑上口寬五十三丈六尺底寬四十四丈下口寬五十三丈一尺

底寛四十三丈五尺深二丈四
尺每丈土一千一百六十五方叁
二分共土一萬五千七百三十方
二分

第十九段工長十三丈五尺挑上口寛五十三丈一尺底寛
四十三丈五尺下口寛五十二丈
六尺底寛四十三丈深二丈四
尺每丈土一千一百五十三方二

分共土一萬五千五百六十八方
二分
第二十段工長十三丈五尺挑上口寬五十二丈六尺底寬四
十三丈下口寬五十二丈底寬
四十二丈四尺深二丈四尺每丈
共土一千一百四十方共土一萬五
千三百九十方
第二十一段工長十四丈挑上口寬五十二丈底寬四十二丈四

尺下口寬五十一丈四尺底寬四十
一丈八尺深二丈四尺每丈土一千
一百二十五方六分共土一萬五千
七百五十八方四分

第二十二段工長十四丈挑工口寬五十一丈四尺底寬四十一
丈八尺下口寬五十丈八尺底寬
四十一丈二尺深二丈四尺每丈土
一千一百一十一方二分共土一萬五千

五百五十六方八分

第二十三段工長十四丈五尺挑上口寬五十丈八尺底寬四十一丈二尺下口寬五十丈二尺底寬四十丈六尺深二丈四尺每丈土一千九十六方八分共土一萬五千九百三方六分

第二十四段工長十四丈五尺挑上口寬五十丈二尺底寬四十丈六尺下口寬四十九丈六尺底

寬四十丈深二丈四尺每丈土一千八十二方四分共土一萬五千六百九十四方八分

第二十五段工長十四丈五尺挑上口寬四十九丈六尺底寬四十丈下口寬四十九丈底寬三十九丈四尺深二丈四尺每丈土一千六十八方共土一萬五千四百八十六方

第二十六段工長十四丈五尺挑上口寬四十九丈底寬三十九
丈四尺下口寬四十八丈四尺底寬
三十八丈八尺深二丈四尺每丈土
一千五十三方六分共土一萬五千二
百七十七方二分

第二十七段工長十五丈挑上口寬四十八丈四尺底寬三十八
丈八尺下口寬四十七丈八尺底寬
三十八丈二尺深二丈四尺每丈

土一千三十九方二分共土一萬五千
五百八十八方

第二十八段工長十五丈挑上口寬四十七丈八尺底寬三十八丈二
尺下口寬四十七丈二尺底寬三
十七丈六尺深二丈四尺每丈土一千
二十四方八分共土一萬五千三百七
十二方

第二十九段工長十五丈五尺挑上口寬四十七丈二尺底寬

三十七丈六尺下口寬四十六丈六尺
底寬三十七丈深二丈四尺每丈土
一千一十方四分共土一萬五千六百
六十一方二分

第三十段工長十五丈五尺挑土口寬四十六丈六尺底寬三
十七丈下口寬四十五丈九尺底寬
三十六丈三尺深二丈四尺每丈
土九百九十四方八分共土一萬五千四

百一十九方四分

第三十一段工長十六丈挑上口寬四十五丈九尺底寬三十六丈

三尺下口寬四十五丈二尺底寬三

十五丈六尺深二丈四尺每丈土九

百七十八方共土一萬五千六百四

十八方

第三十二段工長十六丈挑上口寬四十五丈二尺底寬三十五丈

六尺下口寬四十四丈四尺底寬三

十四丈八尺深二丈四尺每丈土九百六十方共土一萬五千三百六十方

第三十三段工長十六丈五尺挑上口寬四十四丈四尺底寬三十四丈八尺下口寬四十三丈六尺底寬三十四丈深二丈四尺每丈土九百四十方八分共土一萬五千五百二十三方二分

第三十四段工長十六丈五尺挑上口寬四十三丈六尺底寬三

十四丈下口寬四十二丈八尺底寬三十三丈二尺深二丈四尺每丈土九百二十一方六分共土一萬五千二百六方四分

第三十五段工長十六丈五尺挑土口寬四十三丈八尺底寬三十三丈二尺下口寬四十二丈底寬三十二丈四尺深二丈四尺每丈土九百二方四分共土一萬四千八百八十九

方六分

第三十六段工長十七丈挑上口寬四十二丈底寬三十二丈四

尺下口寬四十一丈二尺底寬三

十一丈六尺深二丈四尺每丈土八百

八十三方二分共土一萬五千一百方

四分

第三十七段工長十七丈五尺挑上口寬四十丈二尺底寬

三十一丈六尺下口寬四十丈四尺

底寬三十丈八尺深二丈四尺每丈土八百六十四方共土一萬五千一百二十方

第三十八段工長十八丈五尺挑上口寬四十丈兩尺底寬三十丈八尺下口寬三十九丈六尺底寬三十丈深二丈四尺每丈土八百四十四方八分共土一萬五千六百二十八方八分

第三十九段工長二十丈挑上口寬三十九丈六尺下口寬三十九丈二
尺底均寬三十丈上深二丈四尺下
深二丈三尺每丈土八百一十五方四
分五厘共工土一萬六千三百九方

第四十段工長二十丈挑口寬三十九丈二尺底寬三十丈深二
丈三尺每丈土七百九十五方八分
共土一萬五千九百一十六方

第四十一段工長二十丈挑口寬三十九丈二尺底寬三十丈深

二丈三尺每丈土七百九十五方八分共土一萬五千九百一十六方

第四十二段工長二十丈挑口寬三十九丈二尺底寬三十丈深二丈三尺每丈土七百九十五方八分共土一萬五千九百一十六方

第四十三段工長二十丈挑口寬三十九丈二尺底寬三十丈深二丈三尺每丈土七百九十五方八分共土一萬五千九百一十六方

第四十四段工長二十丈挑口寬三十九丈二尺底寬三十丈深
二丈三尺每丈土七百九十五方八
分共土一萬五千九百一十六方
第四十五段工長二十丈挑口寬三十九丈二尺底寬三十丈深二
丈三尺每丈土七百九十五方八分
共土一萬五千九百一十六方
第四十六段工長二十丈挑口寬三十九丈二尺底寬三十丈深
二丈三尺每丈土七百九十五方八

分共土一萬五千九百一十六方

第四十七段工長二十丈挑口寬三十九丈二尺底寬三十丈深二丈三尺每丈土七百九十五方八分共土一萬五千九百一十六方

第四十八段工長二十丈挑口寬三十九丈二尺底寬三十丈深二丈三尺每丈土七百九十五方八分共土一萬五千九百一十六方

第四十九段工長二十丈挑口寬三十九丈二尺底寬三十丈

深二丈三尺每丈土七百九十五方八分共土一萬五千九百一十六方

第五十段工長二十丈挑口寬三十九丈二尺底寬三十丈深二丈三尺每丈土七百九十五方八分共土一萬五千九百一十六方

第五十一段工長二十丈挑口寬三十九丈二尺底寬三十丈深二丈三尺每丈土七百九十五方八分共土一萬五千九百一十六方

第五十二段工長二十丈挑口寬三十九丈二尺底寬三十丈深
二丈三尺每丈土七百九十五方八
分共土一萬五千九百一十六方
第五十三段工長二十丈挑口寬三十九丈二尺底寬三十丈
深二丈三尺每丈土七百九十五
方八分共土一萬五千九百一十六方
第五十四段工長二十丈挑口寬三十九丈二尺底寬三十丈深
二丈三尺每丈土七百九十五方

八分共土一萬五千九百一十六方

第五十五段工長二十丈挑口寬三十九丈二尺底寬三十丈深二丈三尺每丈土七百九十五方八分共土一萬五千九百一十六方

第五十六段工長二十丈內有通身窪形牽寬二丈五尺牽深二尺挑口寬三十九丈二尺底寬三十丈深二丈三尺每丈土七百九十五方八分共土一萬五千九百一十六

方内除窪形土一百方寔挑土一萬
五千八百一十六方

第五十七段工長二十丈挑口寬三十九丈二尺底寬三十丈深二丈三
尺每丈土七百九十五方八分共土
一萬五千九百一十六方

第五十八段工長二十丈挑口寬三十九丈二尺底寬三十丈深二
丈三尺每丈土七百九十五方八分
共土一萬五千九百一十六方

第五十九段工長二十丈挑口寬三十九丈二尺底寬三十丈深二丈三尺每丈土七百九十五方八分
共土一萬五千九百一十六方

第六十段工長二十丈挑口寬三十九丈二尺底寬三十丈深二丈三尺每丈土七百九十五方八分
共土一萬五千九百一十六方

第六十一段工長二十丈挑口寬三十九丈二尺底寬三十丈深二丈三尺每丈土七百九十五方八分

共土一萬五千九百一十六方

第六十二段工長十五丈五尺挑口寬三十九丈二尺底寬三十丈

深二丈三尺每丈土七百九十五方

八分共土一萬二千三百三十四方九

分

第六十三段工長二十丈內有通身窐（窪形）寬三丈窐深三尺挑口

寬三十九丈二尺底寬三十丈深

二丈三尺每丈土七百九十五方八

分共土一萬五千九百一十六方内
除窪形土一百八十方寔挑土一萬
五千七百三十六方

第六十四段工長二十丈内有通身窪形牽寛二丈五尺牽深
一尺五寸挑上口寛三十九丈二尺
底寛三十丈下口寛三十六丈
底寛二十八丈工深二丈三尺下
深二丈每丈土七百一十五方九

分五厘共土一萬四千三百一十九方內
除窪形土七十五方寔挑土一萬四
千二百四十四方

第六十五段工長二十丈內有通身窪形牽寬二丈五尺牽深
一尺五寸挑土口寬三十六丈底寬
二十八丈下口寬三十四丈底寬二十
六丈八尺上深二丈下深一丈八尺每
丈土五百九十二方八分共土一萬一千

八百五十六方內除窪形土七十
五方寔挑土一萬一千七百八十一方
第六十六段工長二十一丈挑上口寬[三]五十四丈底寬二十六丈八尺
下口寬三十三丈底寬二十六丈
二尺上深一丈八尺下深一丈七尺
每丈土五百二十五方共土一萬
一千二十五方
第六十七段工長二十二丈挑上口寬三十三丈底寬二十六丈二尺

下口寬三十二丈底寬二十五丈六尺上深一丈七尺下深一丈六尺每丈土四百八十二方八分共土一萬五百九十九方六分

第六十八段工長二十二丈挑口寬三十二丈底寬二十五丈六尺深一丈六尺每丈土四百六十方八分共土一萬一百三十七方六分

第六十九段工長二十三丈挑口寬三十二丈底寬二十五丈六尺

深一丈六尺每丈土四百六十方八分
共土一萬五百九十八方四分

第七十段工長二十三丈挑上口寬三十二丈底寬二十五丈六尺
下口寬三十一丈底寬二十四丈六尺
深一丈六尺每丈土四百五十二方
八分共土一萬四百一十四方四分

第七十一段工長二十四丈挑口寬三十一丈底寬二十四丈六尺深
一丈六尺每丈土四百四十四方八分

共土一萬六百七十五方二分

第七十二段工長二十四丈挑口寬三十丈底寬二十四丈六尺深一丈六尺每丈土四百四十四方八分共土一萬六百七十五方二分

第七十三段工長二十五丈挑上口寬三十一丈底寬二十四丈六尺下口寬三十丈底寬二十四丈上深一丈六尺下深一丈五尺每丈土四百二十四方七分共土一萬六百一十七方

五分

第七十四段工長二十五丈內有通身窪形牽寬二丈五尺牽深一尺五寸挑土口寬三十丈底寬二十四丈下口寬二十八丈底寬二十二丈深一丈五尺每丈土三百九十方共土九千七百五十方內除窪形土九十三方七分五厘實挑土九千六百五十六方二分五厘

第七十五段工長二十五丈挑口寬二十八丈底寬二十二丈深一丈

五尺每丈土三百七十五方共土九
千三百七十五方

第七十六段工長二十六丈挑口寬二十八丈底寬二十二丈深一丈
五尺每丈土三百七十五方共土九
千七百五十方

第七十七段工長三十二丈挑口寬二十八丈底寬二十二丈深一
丈五尺每丈土三百七十五方共
土一萬二千方

第七十八段工長三十二丈挑口寬二十八丈底寬二十二丈深
一丈五尺每丈土三百七十五方共土
一萬二千方
第七十九段工長五十二丈挑口寬二十八丈底寬二十二丈深
一丈五尺每丈土三百七十五方共
土一萬二千方
第八十段工長三十二丈挑口寬二十八丈底寬二十二丈深丈
五尺每丈土三百七十五方共土一萬

二千方

第八十一段工長三十二丈挑口寬二十八丈底寬二十二丈深一丈五尺

每丈土三百七十五方共土一萬二千方

第八十二段工長三十二丈挑口寬二十八丈底寬二十二丈深一丈

五尺每丈土三百七十五方共土一

萬二千方

第八十三段工長三十二丈挑口寬二十八丈底寬二十二丈深

一丈五尺每丈土三百七十五方共

土一萬二千方

第八十四段工長三十二丈挑口寬二十八丈底寬二十二丈深一丈五尺每丈土三百七十五方共土一萬二千方

第八十五段工長三十二丈挑口寬二十八丈底寬二十二丈深一丈五尺每丈土三百七十五方共土一萬二千方

第八十六段工長三十二丈挑口寬二十八丈底寬二十二丈深一

丈五尺每丈土三百七十五方共土一
萬二千方
第八十七段工長三十四丈挑口寛二十八丈底寛二十二丈深一丈
五尺每丈土三百七十五方共土一萬
二千七百五十方
第八十八段工長三十四丈挑口寛二十八丈底寛二十二丈深一丈
五尺每丈土三百七十五方共土一萬二
千七百五十方

第八十九段工長三十四丈挑口寬二十八丈底寬二十二丈深一丈
五尺每丈土三百七十五方共土一萬
二千七百五十方
第九十段工長三十四丈挑口寬二十八丈底寬二十二丈深一丈五尺每
丈土三百七十五方共土一萬二千
七百五十方
第九十一段工長三十四丈挑口寬二十八丈底寬二十二丈深一
丈五尺每丈土三百七十五方共土

一萬二千七百五十方

第九十二段工長三十四丈挑口寬二十八丈底寬二十二丈深一丈五尺每丈土三百七十五方共土一萬二千七百五十方

第九十三段工長三十三丈挑口寬二十八丈底寬二十二丈深一丈五尺每丈土三百七十五方共土一萬二千三百七十五方

第九十四段工長三十三丈挑口寬二十八丈底寬二十二丈深

一丈五尺每丈土三百七十五方共土一
萬二千三百七十五方

第九十五段工長三十三丈挑口寬二十八丈底寬二十二丈深一丈五
尺每丈土三百七十五方共土一萬一
千三百七十五方

第九十六段工長三十三丈挑口寬二十八丈底寬二十二丈深一丈五
尺每丈土三百七十五方共土一萬
二千三百七十五方

第九十七段工長三十三丈挑口寬二十八丈底寬二十二丈深一丈五尺每丈土三百七十五方共土一萬二千三百七十五方

第九十八段工長三十三丈挑口寬二十八丈底寬二十二丈深一丈五尺每丈土三百七十五方共土一萬二千三百七十五方

第九十九段工長三十三丈挑口寬二十八丈底寬二十二丈深一丈五尺每丈土三百七十五方共

土一萬二千三百七十五方

第一百段工長三十三丈挑口寬二十八丈底寬二十二丈深一丈五尺
每丈土三百七十五方共土一萬二
千三百七十五方

第一百一段工長三十三丈挑口寬二十八丈底寬二十二丈深一丈
五尺每丈土三百七十五方共土一萬
二千三百七十五方

第一百二段工長三十三丈挑口寬二十八丈底寬二十二丈深

一丈五尺每丈土三百七十五
方共土一萬二千三百七十五方

第一百三段工長三十三丈挑口寬二十八丈底寬二十二丈
深一丈五尺每丈土三百七十五
方共土一萬二千三百七十五方

第一百四段工長三十三丈挑口寬二十八丈底寬二十二丈深一
丈五尺每丈土三百七十五

方共土一萬二千三百七十
五方

第一百五段土長三十三丈挑口寬二十八丈底寬二十二丈深一
丈五尺每丈土三百七十五方共
土一萬二千三百七十五方

第一百六段土長三十三丈挑口寬二十八丈底寬二十二丈深
一丈五尺每丈土三百七十五方共

土一萬二千三百七十五方

第一百七段工長三十三丈挑口寬二十八丈底寬二十二丈深一丈五尺每丈土三百七十五方共土一萬二千三百七十五方

第一百八段工長三十三丈挑口寬二十八丈底寬二十二丈深一丈五尺每丈土三百七十五方共土一萬二千三百七十五方

第一百九段工長三十三丈挑口寬二十八丈底寬二十二丈深一

丈五尺每丈土三百七十五方共土
一萬二千三百七十五方

第一百十段工長三十三丈挑口寬二十八丈底寬二十二丈深一丈
五尺每丈土三百七十五方共土一
萬二千三百七十五方

第一百十一段工長三十九丈挑口寬二十八丈底寬二十二丈深
一丈五尺每丈土三百七十五方共
土一萬四千六百二十五方

第一百十二段工長三十九丈挑口寬二十八丈底寬二十二丈深一
丈五尺每丈土三百七十五方共土
一萬四千六百二十五方

第一百十三段工長三十九丈挑口寬二十八丈底寬二十二丈深
一丈五尺每丈土三百七十五方共
土一萬四千六百二十五方

第一百十四段工長三十九丈挑口寬二十八丈底寬二十二丈深
一丈五尺每丈土三百七十五方共

土一萬四千六百二十五方

第一百十五段工長三十九丈挑口寬二十八丈底寬二十二丈深一丈五尺每丈土三百七十五方共土一萬四千六百二十五方

第一百十六段工長四十二丈挑口寬二十八丈底寬二十二丈深一丈五尺每丈土三百七十五方共土一萬五千七百五十方

第一百十七段工長四十二丈挑口寬二十八丈底寬二十二丈深一

丈五尺每丈土三百七十五方共土一萬五千七百五十方

第一百十八段工長四十二丈挑口寬二十八丈底寬二十二丈深一丈五尺每丈土三百七十五方共土一萬五千七百五十方

第一百十九段工長四十二丈挑口寬二十八丈底寬二十二丈深一丈五尺每丈土三百七十五方共土一萬五千七百五十方

第一百二十段工長四十二丈挑口寬二十八丈底寬二十二丈深一丈五尺每丈土三百七十五方共土一萬五千七百五十方

第一百二十一段工長四十二丈挑口寬二十八丈底寬二十二丈深一丈五尺每丈土三百七十五方共土一萬五千七百五十方

第一百二十二段工長四十二丈挑口寬二十八丈底寬二十二丈深一丈五尺每丈土三百七十五方共土

一萬五千七百五十方

第一百二十三段工長四十二丈挑口寬二十八丈底寬二十二丈深一丈五尺每丈土三百七十五方共土一萬五千七百五十方

第一百二十四段工長四十二丈挑口寬二十八丈底寬二十二丈深一丈五尺每丈土三百七十五方共土一萬五千七百五十方

第一百二十五段工長四十二丈挑口寬二十八丈底寬二十二丈深

一丈五尺每丈土三百七十五方共土
一萬五千七百五十方

第一百二十六段工長四十二丈挑口寬二十八丈底寬二十二丈深
一丈五尺每丈土三百七十五方共土
一萬五千七百五十方

第一百二十七段工長四十二丈挑口寬二十八丈底寬二十二丈深
一丈五尺每丈土三百七十五方共
土一萬五千七百五十方

第一百二十八段工長四十二丈挑口寬二十八丈底寬二十二丈深一丈
五尺每丈土三百七十五方共土一萬
五千七百五十方

第一百二十九段工長四十二丈挑口寬二十八丈底寬二十二丈深
一丈五尺每丈土三百七十五方共土
一萬五千七百五十方

第一百三十段工長四十二丈挑口寬二十八丈底寬二十二丈深一丈
五尺每丈土三百七十五方共土一萬

五千七百五十方

第一百三十一段工長四十二丈挑口寬二十八丈底寬二十二丈深一

丈五尺每丈土三百七十五方共土一萬

五千七百五十方

第一百三十二段工長四十三丈挑上口寬二十八丈底寬二十二丈下口寬二十七丈

底寬二十一丈深一丈五尺每丈土三百六

十七方五分共土一萬五千八百二方五分

第一百三十三段工長四十四丈挑上口寬二十七丈底寬二十一丈

下口寬二十六丈七尺底寬二十丈七尺深一丈五尺每丈土三百五十七方七分五厘共土一萬五千七百四十一方

第一百三十四段工長四十六丈挑上口寬二十六丈七尺底寬二十丈七尺下口寬二十六丈底寬二十丈深一丈五尺每丈土三百五十方二分五厘共土一萬六千一百一十一方五分

第一百三十五段工長四十七丈挑上口寬二十六丈底寬二十丈下口
寬二十五丈底寬十九丈四尺上深
一丈五尺下深一丈四尺每丈土三百二
十七方七分共土一萬五千四百一方九分
第一百三十六段工長五十丈內有通身窪形臯寬五丈臯
深二尺五寸挑上口寬二十五丈底
寬十九丈四尺下口寬二丙丈底
寬十八丈四尺深一丈四尺每丈土

三百三方八分共土一萬五千一百九十方内除窪形土六百二十五方寔挑土一萬四千五百六十五方

第一百三十七段工長五十丈内有通身窪形牵寛五丈牵深二尺五寸挑口寛二十四丈底寛十八丈四尺深一丈四尺每丈土二百九十六方八分共土一萬四千八百四十方内除窪形土六百二十五方寔挑土一萬

四千二百一十五方

第一百三十八段工長五十一丈挑口寬二十四丈底寬十八丈四尺深一丈

四尺每丈土三百九十六方八分共土

一萬五千一百三十六方八分

第一百三十九段工長五十一丈挑口寬二十四丈底寬十八丈四尺深一丈

四尺每丈土三百九十六方八分共土一

萬五千一百三十六方八分

第一百四十段工長五十二丈挑土口寬二十四丈底寬十八丈四尺下

口寬二十三丈六尺底寬十八丈深
一丈四尺每丈土二百九十四方共土
一萬五千二百八十八方

第一百四十一段工長五十一丈挑口寬二十三丈六尺底寬十八丈深
一丈四尺每丈土二百九十一方二分共
土一萬四千八百五十一方二分

第一百四十二段工長五十丈挑口寬二十三丈六尺底寬十八
丈深一丈四尺每丈土二百九十一

方二分共土一萬四千五百六十方

第一百四十三段工長五十丈挑口寬二十三丈六尺底寬十八丈
深一丈四尺每丈土二百九十一方
二分共土一萬四千五百六十方

第一百四十四段工長五十丈挑口寬二十三丈六尺底寬十八
丈深一丈四尺每丈土二百九十一方
二分共土一萬四千五百六十方

第一百四十五段工長五十丈内有通身窪形牽寬五丈牽

深二尺五寸挑口寬二十三丈六尺底寬十八丈深一丈四尺每丈土二百九十一方二分共土一萬四千五百六十方内除窪形土六百二十五方寔挑土一萬三千九百三十五方

第一百四十六段工長五十四丈内有通身窪形牽寬五丈五尺牽深三尺挑口寬二十三丈六尺底寬十八丈深一丈四尺每丈

土二百九十一方二分共土一萬五千
七百二十四方八分內除窪形土八
百九十一方實挑土一萬四千八百三
十三方八分

第一百四十七段工長五十四丈內有通身窪形牵寬五丈五
尺牵深三尺挑口寬二十三丈底（六丈）
寬十八丈深一丈四尺每丈土二百
九十一方二分共土一萬五千七百二

十四方八分内除窪形土八百九十一
方窪挑土一萬四千八百三十三方八分

第一百四十八段工長五十四丈挑口寬二十三丈六尺底寬十八丈深一
一丈四尺每丈土二百九十二方二分共
土一萬五千七百二十四方八分

第一百四十九段工長五十四丈挑上口寬二十三丈六尺下口寬二十三
丈二尺底均寬十八丈上深一丈四尺
下深一丈三尺每丈土二百七十九方

四分五厘共土一萬五千九十方三方

第一百五十段工長五十四丈挑口寬二十三丈二尺底寬十八丈深

一丈三尺每丈土二百六十七方八十分

共土一萬四千四百六十一方二分

第一百五十一段工長五十四丈挑口寬二十三丈二尺底寬十八丈深

一丈三尺每丈土二百六十七方八分共

土一萬四千四百六十一方二分

第一百五十二段工長五十五丈挑口寬二十三丈二尺底寬十八丈

深一丈三尺每丈土二百六十七方
八分共土一萬四千七百二十九方
第一百五十三段工長五十五丈挑口寬二十三丈二尺底寬十八丈
深一丈三尺每丈土二百六十七方八
分共土一萬四千七百二十九方
第一百五十四段工長五十五丈內有通身窪形阜寬五丈阜
深三尺五寸挑口寬二十三丈二
尺底寬十八丈深一丈三尺每丈

土二百六十七方八分共土一萬四千七百二十九方内除通身窪形土九百六十二方五分寔挑土一萬三千七百六十六方五分

第一百五十五段工長五十五丈内有通身窪形牵寬五丈牵深三尺五寸挑口寬二十三丈二尺底寬十八丈深一丈三尺每丈土二百六十七方八分共土一萬四千七百二十

九方内除窪形土九百六十二
方五分寔挑土一萬三千七百
六十六方五分

第一百五十六段工長五十五丈挑口寬二十三丈二尺底寬十八丈
深一丈三尺每丈土二百六十七方八
分共土一萬四千七百二十九方

第一百五十七段工長五十五丈挑口寬二十三丈二尺底寬十八丈
深一丈三尺每丈土二百六十

七方八分共土一萬四千七百二
十九方
第一百五十八段工長五十五丈挑口寬二十三丈二尺底寬
十八丈深一丈三尺每丈土二百六
十七方八分共土一萬四千七百
二十九方
第一百五十九段工長五十五丈挑口寬二十三丈二尺底寬十八丈
深一丈三尺每丈土二百六十七方八

分共土一萬四千七百二十九方
第一百六十段工長五十五丈挑口寬二十三丈二尺底寬十八丈
深一丈三尺每丈土二百六十七方八
分共土一萬四千七百二十九方
第一百六十一段工長五十五丈挑口寬二十三丈二尺底寬十
八丈深一丈三尺每丈土二百六十
七方八分共土一萬四千七百二十九
方

第一百六十二段工長五十五丈挑口寬二十三丈二尺底寬十八丈深一丈三尺每丈土二百六十七方八分共土一萬四千七百二十九方

第一百六十三段工長五十五丈挑口寬二十三丈二尺底寬十八丈深一丈三尺每丈土二百六十七方八分共土一萬四千七百二十九方

第一百六十四段工長六十丈挑口寬二十三丈二尺底寬十八丈深
一丈三尺每丈土二百六十七方八分
共土一萬六千六十八方
第一百六十五段工長五十五丈挑口寬二十三丈二尺底寬十八丈
深一丈三尺每丈土二百六十七方八
分共土一萬四千七百二十九方
第一百六十六段工長五十五丈挑口寬二十三丈二尺底寬十八丈
深一丈三尺每丈土二百六十七方

八分共土一萬四千七百二十九方

第一百六十七段工長五十五丈挑口寬二十三丈二尺底寬十八丈深一丈三尺每丈土二百六十七方八分共土一萬四千七百二十九方

第一百六十八段工長五十五丈挑口寬二十三丈二尺底寬十八丈深一丈三尺每丈土二百六十七方八十分共土一萬四千七百二

十九方

第一百六十九段工長七十五丈挑口寬二十三丈二尺底寬十八丈深一丈三尺每丈土二百六十七方八分共土二萬八十五方

第一百七十段工長八十丈挑口寬二十三丈二尺底寬十八丈深一丈三尺每丈土二百六十七方八分共土二萬一千四百二十四方

第一百七十一段工長八十丈挑口寬二十三丈二尺底寬十八丈深一

丈三尺每丈土二百六十七方八分
共土二萬一千四百二十四方

第一百七十二段工長八十四丈挑口寬二十三丈二尺底寬十八丈
深一丈三尺每丈土二百六十七方
八分共土二萬二千四百九十五方二分

第一百七十三段工長八十八丈挑口寬二十三丈二尺底寬十八
丈深一丈三尺每丈土二百六十七方
八分共土二萬三千五百六十六方四分

第一百七十四段工長九十二丈挑口寬二十三丈二尺底寬十八丈深一丈三尺每丈土二百六十七方八分共土二萬四千六百三十七方六分

第一百七十五段工長九十六丈挑口寬二十三丈二尺底寬十八丈深一丈三尺每丈土二百六十七方八分共土二萬五千七百八方八分

第一百七十六段工長一百丈內有窪形長七十四丈牽寬四丈牽深二尺五寸挑口寬二

十三丈二尺底寬十八丈深一丈三尺每丈土二百六十七方八分共土二萬六千七百八十方内除窪形土七百四十方寔挑土二萬六千四十方

第一百七十七段工長一百五十丈挑口寬二十三丈二尺底寬十八丈深一丈三尺每丈土二百六十七方八分共土二萬八千一百一十九方

第一百七十八段工長一百一十八丈挑口寬二十三丈二尺底寬十
八丈深一丈三尺每丈土二百六十七
方八分共土三萬一千六百方四分

第一百七十九段工長一百一十八丈挑口寬二十三丈二尺底寬十八丈
深一丈三尺每丈土二百六十七方八
分共土三萬一千六百方四分

第一百捌十段工長一百一十八丈挑口寬二十三丈二尺底寬十八
丈深一丈三尺每丈土二百六十七方

八分共土三萬一千六百方四分

第一百八十一段工長一百一十八丈挑口寬二十三丈二尺底寬十八丈

深一丈三尺每丈土二百六十七方

八分共土三萬一千六百方四分

第一百八十二段工長一百一十八丈挑口寬二十三丈二尺底寬十八丈

深一丈三尺每丈土二百六十七方八

分共土三萬一千六百方四分

第一百八十三段工長一百四十五丈挑口寬二十三丈二尺底寬

十八丈深一丈三尺每丈土二百六十七方八分共土三萬八千八百三十方

第一百八十四段工長一百五十二丈挑口寛二十三丈二尺底寛十八丈深一丈三尺每丈土二百六十七方八分共土四萬七百五方六分

第一百八十五段工長一百五十二丈挑口寛二十三丈二尺底寛十八丈深一丈三尺每丈土二百六十七方八分共土四萬七百五方六分

第一百八十六段工長一百五十二丈挑口寬二十三丈二尺底寬十八丈
深一丈三尺每丈土二百六十七方
八分共土四萬七百五方六分
第一百八十七段工長一百五十二丈挑口寬二十三丈二尺底寬十八丈
深一丈三尺每丈土二百六十七方
八分共土四萬七百五方六分
第一百八十八段工長一百六十六丈挑口寬二十三丈二尺底寬十
八丈深一丈三尺每丈土二百六十

七方八分共土四萬四千四百五十四
方八分

第一百八十九段工長一百六十六丈挑口寬二十三丈二尺底寬
十八丈深一丈三尺每丈土二百六
十七方八分共土四萬四千四百五
十四方八分

第一百九十段工長一百六十六丈挑口寬二十三丈二尺底寬十
八丈深一丈三尺每丈土二百六

十七方八分共土四萬四千四百五十四方八分

第一百九十一段工長一百六十七丈挑口寬二十三丈二尺底寬十八丈深一丈三尺每丈土二百六十七方八分共土四萬四千七百二十二方六分

第一百九十二段工長一百七十三丈挑口寬二十三丈二尺底寬十八丈深一丈三尺每丈土二百六十七方八分共土四萬六千三百二十

九方四分

第一百九十三段工長一百一十二丈挑口寬二十三丈二尺底寬十八丈深一丈三尺每丈土二百六十七方八方共土二萬九千九百九十三方六分

第一百九十四段工長一百二十八丈挑口寬二十三丈二尺底寬十八丈深一丈三尺每丈土二百六十七方八分共土三萬四千二百七十八方四分

第一百九十五段工長一百四十五丈挑口寬二十三丈二尺

底寬十八丈深一丈三尺每丈土二

百六十七方八分共土三萬八千八百

三十一方

第一百九十六段工長一百六十二丈挑口寬二十三丈二尺底寬十八

丈深一丈三尺每丈土二百六十七方

八分共土四萬三千三百八十三方

六分

第一百九十七段工長一百五十二丈五尺挑口寬二十三丈二尺底寬十八丈深一丈三尺每丈土二百六十七方八分共土四萬八百三十九方五分

第一百九十八段工長一百五十二丈五尺挑口寬二十三丈二尺底寬十八丈深一丈三尺每丈土二百六十七方八分共土四萬八百三十九方五分

第一百九十九段工長一百五十二丈挑口寬二十三丈二尺底寬十八丈深一丈三尺每丈土二百六十七

方八分共土四萬七百五方六分

第二百段工長一百五十二丈挑口寬二十三丈二尺底寬十八丈深一丈
三尺每丈土二百六十七方八分共土
四萬七百五方六分

第二百一段工長一百五十二丈挑口寬二十三丈二尺底寬十八丈
深一丈三尺每丈土二百六十七方八分
共土四萬七百五方六分

第二百二段工長一百五十二丈挑口寬二十三丈二尺底寬十八丈

深一丈三尺每丈土二百六十七方八
分共卄四萬七百五方六分

第二百三段工長九十丈挑口寬二十三丈二尺底寬十八丈深一
丈三尺每丈土二百六十七方八分
共土二萬四千一百二方

第二百四段工長一百丈挑口寬二十三丈二尺底寬十八丈深
一丈三尺每丈土二百六十七方八分
共土二萬六千七百八十方

第二百五段工長一百一十丈挑口寬二十三丈二尺底寬十八丈
深一丈三尺每丈土二百六十七方八
分共土二萬九千四百五十八方

第二百六段工長一百二十丈挑口寬二十三丈二尺底寬十八丈
深一丈三尺每丈土二百六十七方八
分共土三萬二千一百三十六方

第二百七段工長一百三十丈挑口寬二十三丈二尺底寬十八丈
深一丈三尺每丈土二百六十七方

八分共土三萬五千三百四十九方六分

第二百八段工長一百四十八丈挑口寬二十三丈二尺底寬十八丈深一丈三尺每丈土二百六十七方八分共土三萬九千六百三十四方四分

第二百九段工長七十五丈挑口寬二十三丈二尺底寬十八丈深一丈三尺每丈土二百六十七方八分共土二萬八十五方

第二百十段工長六十五丈挑口寬二十三丈二尺底寬十八丈深

一丈三尺每丈土二百六十七方八分
共土一萬七千四百七分
第二百十一段工長五十八丈挑口寬二十三丈二尺底寬十八
丈深一丈三尺每丈土二百六十七
方八分共土一萬五千五百三十二方
四分
第二百十二段工長五十五丈挑口寬二十三丈二尺底寬十八
丈深一丈三尺每丈土二百六十七

方八分共土一萬四千七百二十九方

第二百十三段工長五十五丈挑口寬二十三丈二尺底寬十八丈深

一丈三尺每丈土二百六十七方八分共

土一萬四千七百二十九方

第二百十四段工長五十五丈挑口寬二十三丈二尺底寬十八丈

深一丈三尺每丈土二百六十七方

八分共土一萬四千七百二十九方

第二百十五段工長五十五丈挑口寬二十三丈二尺底寬十八

丈深一丈三尺每丈土二百六十七方八分共土一萬四千七百二十九方

第二百十六段工長五十五丈挑口寬二十三丈二尺底寬十八丈深一丈三尺每丈土二百六十七方八分共土一萬四千七百二十九方

第二百十七段工長五十五丈挑口寬二十三丈二尺底寬十八丈深一丈三尺每丈土二百六十七方八分共土一萬四千七百二十九方

第二百十八段工長五十五丈挑口寬二十三丈二尺底寬十八丈深一丈三尺每丈土二百六十七方八分共土一萬四千七百二十九方

第二百十九段工長五十五丈挑口寬二十三丈二尺底寬十八丈深一丈三尺每丈土二百六十七方八分共土一萬四千七百二十九方

第二百二十段工長五十五丈挑口寬二十三丈二尺底寬十八丈深一丈三尺每丈土二百六十七方八分共

土一萬四千七百二十九方

第二百二十一段工長六十丈挑口寬二十三丈二尺底寬十八丈深一
丈三尺每丈土二百六十七方八分共
土一萬六千六十八方

第二百二十二段工長六十五丈挑口寬二十三丈二尺底寬十八丈
深一丈三尺每丈土三百六十七方
八分共土一萬七千四百七方

第二百二十三段工長七十五丈挑口寬二十三丈二尺底寬十

八丈深一丈三尺每丈土二百六十七方
八分共土二萬八千五方

第二百二十四段工長七十五丈挑口寬二十三丈二尺底寬十八丈深
一丈三尺每丈土二百六十七方八分共
土二萬八十五方

第二百二十五段工長七十丈五尺挑口寬二十三丈二尺底寬十
八丈深一丈三尺每丈土二百六十七
方八分共土一萬八千八百七十九

方九分

以上共工二百二十五段共長一萬一千四百四十一丈共土四

百一十萬二千一百二方七分五厘

一引河頭工長四十丈挑上口寬七十一丈六尺底寬六十丈八尺下口寬

六十二丈底寬五十丈四尺上深二丈

七尺下深二丈九尺每丈土一千七百

一十三方六分共土六萬八千五百

四十四方

一接挑引漓工長一百一十二丈五尺挑上口寬十七丈底寬
十四丈二尺下口寬十二丈八尺
底寬九丈二尺上深七尺下深
九尺每丈土一百六方四分共
土一萬一千九百七十方

一引河內擇要加深共長三千七百五十五丈內
第一段工長四十八丈挑口寬四十二丈五尺底寬三十八丈
一尺深一丈一尺每丈土四百四十

三方三分共土二萬一千二百七
十八方四分

第二段工長六十丈挑口寬四十二丈五尺底寬
三十八丈一尺深一丈一尺每
丈土四百四十三方三分
共土二萬六千五百九十
八方

第三段工長五十丈挑口寬四十二丈五尺底寬三十八丈一尺

深一丈一尺每丈土四百四十三方三分
共土二萬二千一百六十五方
第四段工長五十二丈挑上口寬四十二丈五尺底寬三十八丈一尺
下口寬三十六丈底寬三十二丈上
深一丈一尺下深一丈每丈土三百九
十方七厘五毫共土二萬二百八十
三方九分
第五段工長四十丈五尺挑口寬三十六丈底寬三十二丈深一

丈每丈土三百四十方共土一萬三
千七百七十方
第六段工長七十二丈五尺挑口寬三十六丈底寬三十二丈深一
丈每丈土三百四十方共土二萬四
千六百五十方
第七段工長二百二十丈挑上口寬三十六丈底寬三十二丈下口
寬三十丈底寬二十六丈四尺上
深一丈下深九尺每丈土二百九十

五方四分五厘共土六萬四千九百
九十九方
第八段工長二百三十五丈挑口寬三十丈底寬二十六丈四尺深
九尺每丈土二百五十三方八分共土
五萬九千六百四十三方
第九段工長二百六十四丈挑上口寬三十丈底寬二十六丈四尺
下口寬二十四丈底寬二十丈八尺上
深九尺下深八尺每丈土二百一十五

方五厘共土五萬六千七百七十三方
二分

第十段工長三百一丈挑口寬二十四丈底寬二十丈八尺深八尺
每丈土一百七十九方二分共土五萬
三千九百三十九方二分

第十一段工長二百三十六丈挑上口寬二十四丈底寬二十丈八尺下
口寬十八丈底寬十四丈八尺深八尺
每丈土一百五十五方二分共土三萬

六千六百二十七方二分

第十二段工長三百五十四丈挑上口寬十八丈底寬十四丈八尺下口寬十二丈底寬八丈八尺深八尺每丈土一百七方二分共土三萬七千九百四十八方八分

第十三段工長二百三十六丈挑口寬十二丈底寬八丈八尺深八尺每丈土八十三方二分共土一萬九千六百三十五方二分

第十四段工長二百九十七丈挑口寬十二丈底寬八丈八尺深八尺

每丈土八十三方二分共土二萬四千七

百一十方四分

第十五段工長三百四丈挑口寬十二丈底寬八丈八尺深八尺每丈

土八十三方二分共土二萬五千二百

九十二方八分

第十六段工長三百一十八丈挑口寬十二丈底寬八丈八尺深八尺每

丈土八十三方二分共土二萬六千四

百五十七方六分

第十七段工長三百三十二丈挑口寛十二丈底寛八丈八尺深八尺每丈
土八十三方二分共土二萬七千六百二
十二方四分

第十八段工長三百三十五丈挑口寛十二丈底寛八丈八尺深八尺每
丈土八十三方二分共土二萬七千八百
七十二方

以上共工十八段共長三千七百五十五丈共土五十九萬

二百六十六方一分

以上通共土四百七十七萬二千八百八十二方八分五厘每方例

價銀八分一厘共銀三十八萬六千六百三十兩五錢

一分一厘

祥工奏稿 卷四

總河部堂朱　於道光二十一年九月十二日恭摺具

奏為遵

旨馳抵工次謹將接印任事日期專摺叩謝

天恩並履勘口門水勢及省城漫水漸消赶緊會籌興堵仰祈

聖鑒事竊臣在署江蘇臬司任內欽奉

諭旨補授河東河道總督於八月二十一日具摺謝

恩臣即於是日交卸二十二日登舟啟程因揚州以北邵伯高郵

一帶必需繞湖行走適遇連日北風舟行未能迅速九月初

一日至清江浦往晤河臣麟　咨商堵築各事宜及調工文

武員弁並選偹熟諳椿埽兵丁已由麟 具
奏候
旨遵行臣旋於初三日兼程前進途次奉到九月初二日軍機大
臣字寄
諭令臣速赴新任毋稍遲延祗誦之下悚惶倍切茲已於十一日
馳抵河南下南工次准暫署河東總督
欽差大學士王 委署下南河同知王渼將河東河道總督關防
賫送前來臣當即恭設香案望
闕叩頭祗領任事伏念興築大工較平時修守尤關緊要斷不能

稍有草率亦不能有所停待必須通盤籌畫一切錢粮料物
應手接濟斯為妥速而費用亦省 臣材識愚陋兼未經歷大
工萬分惴慄寔懼勝任為難疊准
欽差及陞任撫 臣咨抄奏稿並奉到
上諭知請撥錢糧已蒙
恩准所有派賠物料及委員承办各事亦經王 等先期布置至
口門丈尺前由
欽差會同陞任撫 臣確量奏報玆 臣親詣履勘測量口門寬三百
零三丈水深四五尺至三丈不等將来進占收窄溜勢有無

刷深現在尚難預定省城業經保固漫水漸已消動節過霜
降不致再有增漲臣祇凜
重恩惟有殫竭血誠虛心講求寔力办理工程於要處求速錢糧
於大處求省隨時隨事會同
欽差暨署撫臣和衷商酌所有承办工員謹遵
訓諭認真督飭萬不敢稍有姑容致令侵縻偷減一俟錢糧陸續
撥到並嚴催料物畧有成數即當赶緊興築底埧工一氣呵
成以冀安民生而紓
宸廑臣尤不勝私心感奮所有臣遵

旨馳抵工次接印任事日期除恭疏
題報外理合繕摺叩謝
天恩伏乞
皇上聖鑒謹
奏
再臣自蘇州起身沿途查看高阜之處稻田垂穗飽綻均
可有收下河七州縣雖經啟放各壩幸早中稻多已收穫河
臣又先期出示令其遷徙詢問民食民居尚無大碍徐州至
豫中一帶其未經被淹者二麥均已播種出土青葱民氣甚

覺安靖江境回空軍船江浙各帮早抵鎮江俟江潮稍落不
致為橋所阻即可暢行江廣帮船因風水順利亦俱銜尾南
下查接管卷内據運河道禀報湖南回空尾帮已於八月三
十日催出東境黄林庄南下掃數全完歸次自應較早至祥
符縣被水飢民現據該縣摺報分設廠局逐日量散麥麩小
米民食有資甚為安帖均可稍紓
廑注謹
奏於九月二十六日奉到
硃批加慎加勉力除河工惡習諸事須要一寔字毋忽欽此又附

奏自蘇州起身沿途察看情形一件同日奉到
硃批知道了欽此
欽差慧河督朱於道光二十一年九月十六日恭摺會
奏為東西兩壩土基勘明興築引河挑要工段估定先挑謹將
擇吉動工日期恭摺奏祈
聖鑒事竊臣王等前奏購料挑河章程欽奉
諭旨此次大工務當亟為籌辦以冀剋期合龍是為至要等因欽
此遵即督催工員作速勘估臣朱馳抵新任臣鄂 接署
撫篆亦即欽遵會商赶办查歷届堵築之法因口門溜勢湍

急礙難逕直施工總須於堤根東西兩頭繞越築垻務使氣勢舒展根基鞏固始能靠垻廂埽漸次進占其近灘唇而連新埽者名為垻基其就老堤遠處生根者名為垻尾垻基須與正埽邊埽丈尺同寬順勢接廂方可容多人力作若垻尾即不妨漸次收窄以省錢糧此歷办之成法也此次勘得西垻自首至尾工長一千四百四十丈東垻自首至尾工長九百九十丈各以五十丈為垻基此外皆為垻尾先須刨槽夯硪結寔再將溝形窪處填與灘面相平始於上面築垻其垻基則頂寬十六丈底寬二十二丈高一丈二尺垻尾則頂寬

三丈底寬八丈高一丈均須層土層硪薄坯盤築以臻堅鞏
其引河對挑水壩亦應先築壩基俟正壩進占後察看溜勢
隨時相機進築所有壩基土工亟宜乘時先築以免延待又
應挑引河暨抽溝各工此次地段較長不下四百餘里前經
飭委通判丁焯王葵初會督營汛各員細加量估尚未一律
估完因工程不可遲延是以 臣等前次
奏明將淤厚難辦之處先行確估挑辦又查引河頭一段須與
西壩之邊埽及挑水壩鑲鋒相對呼吸相生此段機宜最關
緊要向係會同南河調來之叅游大員妥為相度是以 臣王

臣慧　前次奏奉

諭旨飭調南河將弁迅速來豫茲准南河督臣麟　咨會業已札飭前來計日內自可即到而挑工緊急未便稍延除將引河頭緊對挑壩吸溜處所暫留一百數十丈俟其到時覆勘應否酌挪丈尺再行搶挑外現將已經估定淤厚難挑之處先安人夫六十段捧鍬挑挖以上挑河築壩兩項工程此時皆不可緩臣等公同選擇於九月十五日吉時虔祀

河神動工興辦一面分路提催各處應解銀兩務使星速到工將稭蔴料物價值按數發足飛飭源源運到察看何日可以

進呈由臣等再行具
奏至工次業已設立總局分局具兩垻正雜料廠均經樹柵挖
濠并搭蓋各項棚廠雇備捆廂船隻調用車騾馬匹悉皆敷
定章程分委妥員經理彈壓官兵亦已陸續調到一切各有
責成務使協力同心計日程功以仰副
聖主廑念河防之至意所有開工日期臣等謹合詞繕摺具
奏并繪圖貼說恭呈
御覽伏乞
皇上聖鑒謹

奏

欽差王慧河督朱於道光二十一年九月十六日恭摺會

奏為部撥兩淮銀兩酌請因地制宜易錢解豫以均市價而裕

工需恭摺奏祈

聖鑒事竊准部咨奏撥豫省河工銀內有兩淮秋撥鹽課銀四十

萬兩臣等查兩淮運庫所收鹽課向有鐅銀名目其在揚州

一帶兌換制錢與藩庫紋銀同價一經解赴別處無不少換

錢文緣其銀較之藩庫足紋成色本低每錠約重三兩上下

在鹽務中習用已久人皆稱便而他處以為成色不足故遷

地帶能為良令若行令兩淮運司概以足色寶銀批解恐一時難應急需若概將鏉銀解来按之豫省買賣行規祗能核作九成行使是暗中虧折即已少去一成且訪聞現在揚州銀價每庫平一兩換得制錢一千六百數十文而河南省城於六七月間搶險之時每兩紋銀換錢不足千文近甫轉危為安人心頗定每兩較前多換一二百文不等較之揚州兑換錢數仍屬高下懸殊即日興築大工所有築壩挑河及一切雜用類皆易錢散給而市儈乘機漁利勢必銀價愈行跌落錢價愈行抬高當需錢孔亟之時又非法令所能禁止若

每兩少換二三百文計一百萬兩之銀即少得錢三二十萬串於工費贏縮大有關係是以臣等先已會商委幹員分赴各市鎮馬頭設法兌換但豫省農多商少非如揚州等處闤闠林立素為商賈馬頭與其將兩淮銀兩解豫換錢莫如就揚州換錢為便況該處正患銀貴在鹽商以鹽買錢易銀完課咸以賠累為詞今即將四十萬兩之銀就地換錢起解則該處銀錢市價就可酌劑均平似屬一舉兩得之道惟運錢若由陸路未免脚價繁多雖以兌換之贏不敵轉搬之費茲查得淮北運鹽來豫係從清河縣之武家墩盤過一垻至

洪澤湖即由臨淮關正陽關一帶淮河溯流而上直抵相距汴城五十里之朱仙鎮分運發售是既有水路可通運鹽運錢如出一轍自可仿照辦理臣等擬即飛咨兩江總督劄飭兩淮運司迅即遴委妥幹員弁即將所撥課銀四十萬兩在於揚州一帶盡數換錢速由水路分批解汴其輾轉雇船及武家墩過垻并於朱仙鎮起旱赴工運費諒亦不少然核定計算每兩以足大錢一千三百文交工委解之員自必不致賠累如該委員更能設法兌換錢數加多又能迅速解清以資工用應由臣等記功量予鼓勵俾其踴躍從事現由豫省

派委候補知府汪喜荀內黃營都司馮銑迎至前途協同照
護以期妥速到齊於要工更有裨益臣等為節
帑裕工起見謹合詞恭摺具
奏伏乞
皇上聖鑒謹
奏
再此次堵築大工臣等議照儀工用項
奏請酌撥銀四百七十五萬兩解工備用經部照撥奏奉
諭旨依議欽此查撥項內所撥廣儲司及分貯山東河南內庫銀

共三百萬兩業經由部行文直隸總督派委大員赴京領解
臣等因工需緊急復委候補知府徐經等前往迎催又兩淮
山東山西陝西各省撥項亦經分委妥員迎提惟所撥甘肅
封貯鹽餉銀八十萬兩甘省距豫較遠誠恐解到稽遲有誤
工用隨查甘省來年春季兵餉係撥河南安徽山東山西等
省銀兩茲河南省尚有未解甘餉銀五萬兩堪以留抵安徽
山東山西甘餉有已解在途者有尚未起解者臣等已分別
行文各該省有可以截留者概行截留解豫即於甘省撥項
內抵除既免耽延時日且省往返領解之煩於要工殊有裨

益相應附片陳明謹
奏
再省城自六月十六日水圍以後溜漸歸併城下奇險疊出
竭力防護已越八旬刻下節交霜降勢雖平緩而大溜仍趨
西北城角時有淘刷之虞防守未敢稍懈第歷辦大工巡撫
俱駐劄工所臣鄂 現署撫篆責任兼河應即常川駐工督
飭委辦其守城事宜仍將熟練河工之廳員張承恩河弁曹
百安等及原帶河兵二百六十名留省由署藩司張祥河署
臬司況澄督率修守併城守尉維祿署臣標中軍参將雙保

及署開封府知府鄒鳴鶴協同辦理臣鄂　仍於督辦工務
之餘不時進城查察以期兩無貽悮理合附片謹
奏於九月二十五日准
軍機大臣　字寄
欽差大學士王　侍郎慧　河東河道總督朱　署河南巡撫鄂
道光二十一年九月二十日奉
上諭王　等奏勘明堤基興築引河一摺據奏引河頭一段暫留
一百數十丈俟南河將弁到豫再行搶挑其挑河築堤等工
已於九月十五日動工興辦繪圖呈覽覽奏均悉現屆霜清

水落正宜赶緊興工若至氷凌凍結又恐工程不能堅寔着
王等督飭在工員弁催齊料物計日程功總期一律深通
不可任其草率偷減一面分路催提銀兩源源接濟以便逐
段進占迅速合龍是為至要另摺奏請將兩淮銀兩易錢解
工由水路分抵解汴等情着即照議咨行兩江總督札飭運
司妥速办理毋悞要需將此諭令知之欽此遵
旨寄信前來
總河部堂朱　於道光二十一年九月十八日恭摺附
奏再擇吉動工日期及籌催錢糧料物各情形業經會同

欽差暨撫臣奏報在案連朝風日晴和兵夫由堤尾進築甚為踴

躍引河工段前經估定淤厚難挑之六十段先安夫俾鍬挑

挖由司庫墊發四成銀兩飭令承挑各該員具領赶办各處

奉撥錢糧已由撫臣委員分路迎提截解即日自可源源到

工正雜料物本年因多雨歉收且購办之處較遠現在到工

尚屬無多疊經會同

欽差暨撫臣嚴札承派各州縣上緊設法招徠務令速購速運倘

逾限不交立即會同条办一俟稍身進占之用即當赶做均

不敢稍任延緩所有調用南河員弁現已陸續報到選帶河

營兵丁亦已先後起身即日均可抵豫理合附片奏
聞謹
奏於十月初十日奉到
硃批認真上緊辦理斷不准稍形延緩凜之欽此
欽差璱巡撫鄂於道光二十一年十月初二日會
奏為履勘正河溜勢將兩垻基及引河頭量為那展以期加倍
得力並引河迤東各段接續跟挑恭摺奏
聞仰祈
聖鑒事竊照祥符大工先將東西兩垻興築土基其引河估定六

十段亦先挿鍬與挑經 臣等於九月十六日會摺具
奏並聲明引河頭一段俟隨時察看溜勢須與埽壩針鋒緊對
呼吸相生向係會同南河調來將弁妥為相度請暫留一百
數十丈俟其到時覆勘以臻詳慎旋經南河督臣麟 派委
署叅將呂邦治等會同廳汛文員率帶備弁到豫當據局員
會禀飭勘批令會同勘覆去後隨據勘明霜降後上游水落
口門迤上溜勢稍向北移請將引河頭斜向北灘酌挪三十
丈吸溜更緊其東西壩基亦須分別加帮俱成向北之勢似
於現在溜行處所呼吸較靈等情禀覆前來臣等當又公同

赴壩親加履勘緣東河溜勢向来每有遷變是以歷屆大工
壩基河頭均須再三審度始能定準現在東壩南首見有新
長嫩灘是河溜寔有北移之象雖所移尚屬無幾而為進占
取勢起見但能鞭緊一分即多得一分之力所以臣等前雖
奏明興工挑築仍不能不酌留一二段以俟交冬水落審度形
勢酌核量移茲既勘有應那應展之工自應分別估办現據
估定西壩基加帮頂長二十丈底長二十三丈六尺頂底均
寬十四丈高一丈二尺東壩基加帮頂長北十丈南二十丈
牵長十五丈底長北十三丈六尺南二十三丈六尺牵長十

八丈六尺頂底均寬三十五丈高一丈二尺已飭多集人夫立即接築如法夯硪不日可期完竣又兩垻基之前均應挑挖埽池先從灘面挑與水面相平再加挑深比水面更低四尺以為下埽根本亦已核估飭挑均不至於遲悞至引河頭段本係最後搶挑之工仍宜留俟開放引河時再行搶辦此時應於插鍬之六十段迤下逐漸向東跟接挑挖現據稟報續經估定一百二十段一律集夫興插臣等復飭總催分催各員逐段催趲以期計日程功刻下工次情形俱已妥為布置惟盼撥銀速到運料早齊便無半途停待之慮除將催銀

催料情形另摺縷晰具
奏外所有那展埧基河頭及跟桃引河工段各緣由謹合詞繕
摺具奏並繪圖貼說恭呈
御覽伏乞
皇上聖鑒謹
奏
奏為籌催錢糧料物情形據寔陳明仰祈
聖鑒事竊照辦理大工必須一氣呵成不宜停待故以籌款為始
而集料次之料不齊即無以施工銀不齊即無以購料且桃

挖引河並抽溝等工每居經費之半發給夫價亦係刻不可
遲而埽壩之與引河又須兼營併辦不能偏廢一經興工之
後必得錢糧湊手料物齊全方不至停延貽悞此次祥符漫
口仰蒙
聖主垂念要工於用度正緊之時
俯准撥款興辦臣等亟思蕆工節費庶可仰慰
宸懷是以審度情形將兩壩土基引河灘段先行擇要興工而工
作興舉即一切須求應手查本省及山東山西撥款並截留
解往甘肅餉銀計至九月底止已到工次者九十一萬兩此

内將引河先挑各段酌發夫工三四成所用即已過半其正
料價值分委各州縣採办者酌其距工遠近亦先發一二三
四成不等他端支用遂覺不專除各省未到銀兩已派文武
委員分投迎催外其由户部及内務府廣儲司撥解之款計
共三百萬兩最為大宗先委候補知府徐經沿途迎護前接
據該府稟稱尚未探有先運信息茲於九月二十九日據安
陽縣知縣朱顯曾稟稱探聞京餉已有七十萬起解在途其
餘尚無確信臣等現復分咨户部内務府作速批解以期早
到一日即赶办一日之工至稭料分派地方州縣採買原期

呼應更靈現雖陸續到工而核計分數實不專進占之用若
遲行捆廂下埽萬一後難為繼殊恐轉棄前功惟有特刻嚴
催設法儹運核水陸路程之遠近定舟車來往之程期務使
源源而來總不予以停延之隙一面迎催錢糧到豫先儘料
價按分發足不令各該州縣藉口諉延倘再違逾定當擇尤
奏參分別懲儆仍察看收料成數如大概足專工用不悮按廂
即飭令赶早進占以期速蔵鉅工上紓
廑注所有現在籌催情形謹合詞據實具
奏伏乞

皇上聖鑒謹
奏
再省城城垣晝夜守護已閱十旬之久近日溜雖稍緩而西
北一帶究屬頂衝遇有淘刷之時悉借磚石拋護現仍督飭
留城文武照前小心防守不任稍有疎懈可保無虞至城廂內
外及各村被水窮民經 臣鄂 節次委查分別撫恤按口授
食可免流離咸知感頌
皇仁極為安靜足以仰紓
聖廑理合繕片陳明謹

奏

道光二十一年十月十二日奉

上諭據王 等奏那展垻基河頭及跟挑引河工段情形一摺現

在河溜既有北移之象自應那展垻基以為進占得力地步

所有加帮東西兩垻基並挑挖埽池及跟接挑挖引河工段

業已多集人夫鳩工興辦仍著王 等督飭在工員弁寔力

儹催計日程功毋稍遲延所有部撥銀兩已降旨飭令各督

撫迅速解交工次以濟要需欽此

江南總河部堂麟 於道光二十一年十月初三日具

奏再臣前奉
上諭江南河營叅將張兆係歷办大工熟悉之員該員現在告病
着麟　飭令於病痊後迅速前赴東河交王　等差遣委用
等因欽此欽遵轉飭去後茲據該叅將扶病來見稱述
聖恩感激涕零惟自問年逾七旬氣體孱弱難供奔走恐悞公事
等語臣察其面色黃瘦步履蹇滯病勢頗重然精神尚可支
特諭以現值豫工興舉理宜勉圖報効且到工後祇在相度
垻河形勢隨時稟商機宜不須躬率椿埽力作該叅將感激
高厚鴻慈情愿力疾前往已於本月初三日起程合併附陳伏乞

聖鑒謹
奏
欽差總河部堂朱 大學士王 巡撫部院鄂 於道光二十一年十月二十日會
奏為引河普律棟鍬溝工一體挑挖兩垻加幫已畢現在接手
進占恭摺奏
聞仰祈
聖鑒事竊臣等前奏那展垻基河頭並籌備錢粮料物各情形於
本月十二日接准
廷寄道光二十一年十月初七日奉

上諭據王　等奏那展垻基河頭及跟挑引河工段情形一摺現
在河溜既有北移之象自應那展垻基以為進占得力地步
所有加帮東西兩垻基並挑挖埽池及跟接挑挖引河工段
業已多集人夫鳩工興办仍著王　等督飭在工員弁寔力
催儧計日程功毋稍遲延所有部撥銀兩已降旨飭令各督
撫迅速解交工次以濟要需欽此仰見
我皇上廑念要工
訓勉諄切跪讀之下凜感倍深伏查引河與垻工並重引河完竣
必須在垻工之前是以興挑之期亦較垻工為急臣等前因

錢糧料物不齊
奏請將已經估定淤厚難挑之處先安人夫共一百八十段俾
鍬興挑嗣又因引河頭丈尺太長復添估四段先行挑挖除
除酌留頭段四十丈俟啓放引河時相機搶辦又逐段現有
清水塘之處計共長九十餘丈一時不能同挑應照歷辦成
法俟試放清水臨時察看搶挑外茲據派挑引河之革職留
工前任開歸道步　等稟稱勘估引河共二百二十五段長
一萬一千四百四十一丈口寛自六十丈至二十三丈二尺
底寛自五十丈四尺至十八丈深自二丈九尺至一丈三尺

不等共估土四百十萬二千一百二方零已先後普律揷鍬
勒限四十日完竣具引河尾迤東抽溝溝線各工亦已估定
段落飭各該廳集夫興挑另行造報等語臣朱　責司河務
當即親赴下游逐段履勘抽量於步　所稟無異適於十月
十五等日祥雲飛布積厚六寸有餘於農田極有裨益並雪
後連刮大風濕土成氷尚難統計分數除臣等隨時稽查嚴
行催儹外仍飭步　會同派出員弁上下往來加緊催儹務
期寬深如式按限完工並明定賞罰章程通行挑河官弁俾
知警惕奮勉現在東西壩基加幫土工均已接築完竣夯硪

堅固埽池並已挖採京餉及各項省撥項陸續到工稭蔴各料
亦經臣鄂　嚴催源源運送已過十分之三察看口門水勢
大溜較前稍弱自應及早下埽不敢以風雪稍任停工臣等
悉心酌議現在溜勢全注西壩應由西壩先行進占使溜勢
逐漸東趨然後兩壩同時並進以期步步穩定一氣呵成謹
擇吉於十月二十日丑時進占分派東河熟練道廳及南河
調到備將廳汛各員弁督率兵夫人等一力工作臣王　率
同司員與臣朱　臣鄂　輪流至壩督催不任晷有間斷俟
做成丈尺若干即當陸續

奏報總期按日程功於迅速中倍加慎重早蕆大工仰慰
宸廑所有引河普律插鍬及兩壩接手進占各緣由謹合詞具
奏伏乞
皇上聖鑒謹
奏
道光二十一年十一月初一日奉
上諭王 等奏引河普律插鍬及兩壩接手進占一摺現在引河
既已估定段落自應赶緊插鍬與挑着即飭承挑各員按照
所估寬深丈尺勒限四十日一律如式挑挖務須赶在壩工

以前完竣毋任稍有草率遲緩至口門溜勢較前已弱尤應
及早下埽積稭現在情形應由西壩先行進占俟溜勢東趨
再行兩壩並進即着照議办理惟現在既已進占必須一氣
呵成萬不可停工待料致悞機宜所有到工料垛現止十分
之三着即嚴催源源運送總期按日程功庶可剋期蕆事特
此諭令知之欽此
總河部堂朱 於道光二十一年十月二十一日附片具
奏再十月初四日准吏部咨開九月十二日奉
旨此案河南祥符汛漫口失事專轄之下南河同知高步月署下

南河協備許鑣防守之祥符上汛縣丞秦華曾祥符上汛千
總高振外委劉讓均著即行革職於河干枷號一个月滿日
發往新疆充當苦差熏轄之開歸陳許道步際桐亦著即行
革職留工効力欽此除會同撫臣委員接護開歸道篆即飭
步際桐留工効力外遵即恭宣
諭旨將高步月等五員革職枷號河干俟一月期滿即遵
旨由署撫臣將該革員等發往新疆充當苦差理合附片覆
奏伏乞
聖鑒謹

奏

總河部堂朱
巡撫部院鄂　於道光二十一年十月二十二日在祥符工

次會同附

奏再開歸陳許道步　奉

旨革職留工効力應即交卸新任道員楊　到豫尚需時日所遺

該道印務自應遴員接署臣與河臣朱　查有開封府下北

河同知龔慶祥老成練達曾經兩次護理河北道篆办理裕

如堪以委令護理再步際桐先經臣等委令督挑引河業已

興工令雖革職蒙

恩留工効力仍應飭令該革員協同各員并赶緊挑挖以專責成

而觀後效除分檄遵照外謹會同河臣朱　附片具

奏伏乞

聖鑒謹

奏

欽差總河部堂朱 大學士王 廵撫部院鄂　於道光二十一年十一月初三日恭摺具

奏為特參承辦稭料蔴觔為最少及日久尚未運解到工之知

縣請

旨暫行革職勒限赶办以示懲儆而重要工事竊照堵築祥符漫

口所需稭料蔴觔前經臣王　慧　會同陞任撫臣牛　酌
定垛數觔數價銀派令現在州縣採办分別道路遠近酌定
期限運工當將籌議章程合詞
奏明並行知各州縣遵照在案該州縣奉文之後自當依限趲
運以濟工需節經臣等嚴檄催提現在各屬俱已陸續運解
惟汜水縣承办稭料二百垛僅止解到二十二垛又夏邑縣
承办蔴蔴二十七萬觔尚未運解到工若不先行示懲恐各
屬紛紛效尤將來難期迅速相應請
旨將汜水縣知縣謝益夏邑縣知縣陳詒樞均暫行革職仍留本

任勒限購買運工如該員等自知愧奮趕早解運足數再行
奏懇
恩施倘仍前藐滯另行嚴參理合合詞恭摺具
奏伏乞
皇上聖鑒謹
奏於道光二十一年十一月十三日奉到
上諭王　等奏請承辦稭料蔴觔為數最少及日久尚未運解到
工之知縣暫行革職勒限趕辦一摺現在堵築祥符漫口所
需稭料蔴觔該州縣自當依限購運以濟工需茲據奏稱汜

水縣承辦稭料二百垜僅止解到二十二垜夏邑縣承辦蔴
蔴二十七萬觔尚未運解到工若各屬紛紛效尤必致遲延
貽悞汜水縣知縣謝益夏邑縣知縣陳貽樞均著暫行革職
仍留本任勒限購買運工倘仍前覊滯即著嚴參懲辦以為
玩視要工者戒該部知道欽此
欽差總河部堂朱 大學士王 巡撫部院鄂 於道光二十一年十一月初三日在祥符工次
由驛會
奏為恭報進占及引河挑成分數恭摺奏祈
聖鑒事竊臣等前於十月二十日將引河普律揮鍬兩壩接手進

占情形具奏在案十一月初一日接准
廷寄道光二十一年十月二十六日奉
上諭王　等奏引河普律揮鍬及兩壩樓手進占一摺現在引河
既已估定段落自應趕緊揮鍬與挑着即飭令承挑各員接
照估定寬深丈尺勒限四十日一律如式挑挖務須趕在壩
工以前完竣毋任稍有草率遲緩至口門溜勢較前已弱尤
應及早下埽樓稱現在情形應由西壩先行進占俟溜勢東
趨再行兩壩並進即着照議辦理惟現在既已進占必須一
氣呵成萬不可停工待料致悞機宜所有到工料垛現止十

分之三著即嚴催源源運送總期按日程功庶可剋期蕆事
將此諭令知之欽此查近日河勢大溜已經歸槽兩岍出有
淤灘而東岍尤廣應於西垻多進數占使溜勢東趍將東邊
淤灘漸次刷深再於東垻進占方能得力現在口門估築東
西正垻埽工寬十五丈上水邊埽寬七丈夾土垻寬二丈下
水边埽寬五丈夾土垻寬一丈挑水垻寬八丈臣王　自興
工後率同隨帶司員及臣朱　臣鄂　連日親至西垻頭督
率道將廳員嚴飭兵夫赶緊攢做先將埽池挑挖如式盤築
堅實以後接續進占層土層柴加意追壓自十月二十日起

截至十一月初一日止西垻已做成三十三丈挑水垻做成
三十一丈東垻灘面比西垻更寬將来溜漸趨東須防搜底
初進數占亦須將前挖埽池逐節加挖深長以期根底穩寔
已於初三日進占新任開歸道楊　現已到工即派令督理
東垻兼管總局西垻亦添派候補知府徐經督辦以後接續
進占剋日成功不任稍有延緩務於迅速之中加倍慎重以
期得一占即有一占之益具各分引河共長一萬一千三百
九十三丈計六十三里零自普律挿鍬後已據綜理引河之
前任開歸道步　陸續稟報各分工程截至十一月初一日

止韋計已及三分有餘其引河以下抽溝溝線工段除清水
塘應俟試放後搶挑外共計溝工長一萬二千六百三十八
丈約七十里零溝線長一萬三千一十丈約七十二里零業
經分派下游各廳承挑現據呈報普律安夫剋日興办統限
引河以前完竣以便試放清水如有高仰之處再搶挑溝線
務使一律通暢一面咨會南河同時儹挑並嚴飭總催分催
各員上下往来竭力嚴催不致遲悞至稭料蔴觔現在報廠
成垛已及五分仍嚴催各州縣迅速運解務期源源而来足
資接濟部撥銀兩惟兩淮尚未解到餘俱兑收完竣現在雖

交冬節而天氣尚不十分寒冷臣等逐日至壩察看員弁兵
夫俱各踴躍從事仍隨時分別勤惰明示勸懲以冀早蕆大
工仰懇
宸廑所有進占後已得丈尺引河挑成分數各緣由理合恭摺覆
奏伏祈
皇上聖鑒謹
奏
道光二十一年十一月初八日奉
上諭王　等奏進占丈尺及引河挑成分數一摺覆稱自十月二

十日截至十一月初一日止西垻已做成三十三丈挑水垻
已做成三十一丈其各分引河牽計已挑成三分有餘將来
試放清水再搶挑溝線等語所办尚屬周妥惟河溜勢漸趋
東須防搜底初進数占亦應將前挖埽池逐節加挖深長以
期根底穩寔引河以下抽溝溝線工段著照所議分泒下游
各廳承挑並咨會南河同時儧挑至稭料蘇蔴現已報明備
办五分仍當嚴飭各州縣迅速解運務期源源接濟工需及
早合龍以慰厪念又另摺奏參將張兆業同南河林 襄办
河工深資得力等語覽奏均悉著即督飭工員赶緊催办毋

稍遲緩欽此

欽差大學士王 總河部堂朱 巡撫部院鄂 於道光二十一年十一月初三日會

奏為接奉

諭旨欽遵办理據實奏

聞事竊臣等於十月三十日接奉

廷寄道光二十一年十月二十五日奉

上諭前據王　等奏那展埧基跟挑引河等情當經飭令鳩工赶

办距今將届兩旬未將办理情形續奏朕心寔深系念現在

溜勢是否悉已北移料埽到工已有若干開工後已進幾占

工程共有幾分目前已交冬令轉瞬即屆春融必須一氣赶
办庶可剋期竣事著王 等嚴行督催毋任工員稍有遲緩
並著將現在所办情形先行具奏江南河營叅將張兆年逾
七十現雖力疾赴工如該處河形埧勢必須該叅將隨時相
度自應仍留工次如精力實已衰頹著飭令即回江南林
前據奏令襄办文案稽核總局其办工一切是否有必須該
革員勷理之處抑或別無要件並非不可少之員亦即據寔
具奏將此諭令知之欽此除開工進占丈尺及現办各情形
另行會摺具奏外查江南河營叅將張兆已於十月二十三

日到工 臣等接見數次見其舊疾本未復元精神尚欠健壯現在壩工形勢勘定業已進占當此天氣沍寒之時若留令在壩當差深恐精力難支非所以示體恤當與 臣鄂 臣朱會商飭令即回江南業於二十九日起身南去正擬繕片附奏間欽奉前因仰見

聖慈脩恤無隱不周不特該員張兆撫衷感激凡在工員無不倍深感奮至林 自奉

恩命祇工以來經 臣王 等奏派勷辦文案稽核總局凡在大工

應辦之事無不籌畫周詳辦理妥協現當大壩進占 臣等與

林　無日不在工次臣王　臣鄂　本不諳河務臣朱　雖
在南河多年而甫經抵任於東河情形尚未熟悉林　曾任
河東河道總督及河南藩司於地方河工情形均所深悉遇
有隨時變通之處詳晰明練深資得力仰蒙
聖明垂詢謹合詞據實具奏伏乞
皇上聖鑒謹
奏
江南總河部堂麟　於道光二十一年十一月初四日專差
具

奏為恭報江境估挑長河興工日期仰祈
聖鑒事竊照江境黄河因本年六月下旬豫工失事漲水陡落斷
流以致淤墊前准
欽差大學士王　兵部侍郎慧　咨會估挑隨經臣恭酌舊案
奏蒙
恩准撥銀一面委員勘估茲據造冊呈送前來臣復加確核除挑
南于工尾以下現得清水刷滌河身見深毋庸估挑外其于
工尾以上直至豫東交界止河長六百餘里若普律興挑所
費不貲惟有查照豫省估挑尺寸酌平河底將高仰灣曲之

處量加挑挖餘則間段抽溝以順形勢計共估河長五萬三千四百餘丈劃為一百一十九分飭办文武員弁領銀承办第恐工員衆多豈能盡皆歷練是以每隔数分選一幹員派办令具照料上下各段則生手借資調度不致人夫刁難又因汛地綿長必須大員往来稽查以專責成隨又劃分三大段派淮徐游擊盧永盛宿北同知王國佐山安同知陳勲文為總催仍統歸徐州道毓衡督办又緣桃河工有難易之分土有沙淤之別办法不一弊竇滋多復經酌定章程飭桃子河以備陰雨多挖龍溝以消積水安釘信樁灰印以杜偷底

墊厓啓除垻路塘梗以防宥工阻水先期刊示曉諭並恐有
匪徒以抬土為名俗名工混閙工後搭鋪挖窖聚賭打降不
特火燭盜賊每易多事即人夫為所魚肉有害工作現已間
段調派標員帶兵彈壓查禁茲 臣自清江浦由北岸覆勘至
皇河
安瀾龍王廟告祭後親督工員于十一月初三日挿鍬興工勒限
五十日完竣諄諭各員弁湔除積習如式趕办務期普律深
通以備河流復故暢注歸海倘有遲延弊混定行嚴參當經
沿途察看就近貧民聞風荷臿而至者甚為踴躍時屆隆冬

藉資謀食莫不歡欣感頌

皇仁至估築堤工現已將經過各廳應办段落存記隨由運中河

乘每折回測探水勢飭將各閘垻分别收畜以備来年重運

並將兩岸縴堤順道查看其餘各廳均飭該管道確估造冊

稟送臣再核減惟撥尚未解齊挑河人夫已多若同時興办

彈壓較難且食物昂貴更易居奇况值天寒土凍夯硪亦不

堅寔俟春融陸續發办計其時挑河甫竣小民又得堤工傭

趁營生漸近麥秋寔于閭閻大有裨益所有挑河興工日期

謹恭摺具陳伏乞

皇上聖鑒謹

奏於十一月二十五日奉到

硃批知道了欽此

總河部堂朱　於道光二十一年十一月初八日准吏部諮

奏為議處具奏事前任河東河道總督文　疏稱黃河水勢異漲南岸祥符上汛三十一堡堤頂過水漫塌嗣復掣溜成河

查叅疏防官弁事竊查豫省黃河南岸開封府下南河廳屬祥符上汛三十一堡因伏汛內黃河水勢異漲普律漫灘兩岸灘水與堤埝相平者不一而足在在堪虞先經通飭搶加

子埝防禦無奈大河水勢於六月十六日又復接長灘水加
增長堤子埝搶加不及兼之狂風驟雨人力難施致將祥符
上汛三十一堡無工處所漫過堤頂因土性沙鬆刷塌二十
餘丈幸距正河尚有一千餘丈並未掣動大溜當即督飭道
廳營汛委員趕集料物竭七晝夜之力將通河各溝槽一律
堵截僅餘東北大溝一道正在兩邊土料並進併於上首灘
唇搶挑磚石垻抵禦詎料大河來源水勢又長二十二日戌
刻大溜南臥勢若排山由東北大溝直趨下注缺口立即刷
寬掣溜成河下游正河涸即斷流經臣先後

奏蒙
聖鑒各在案查黃河堤工如有疎防官弁應照例分賠叅處除將
堵築事宜豫為籌備用過銀兩工竣分別賠銷外所有疎防
官弁文職防守係祥符上汛縣丞秦華曾署祥符縣知縣張
官專管係開封府下南河同知高步月兼管署開封府知府
方宗鈞開歸道步際桐武職防守係祥符上汛千總高振嶺
外外委劉讓專管係下南河協備許鑣相應會同河南撫臣
牛合詞恭疏題叅至漫溢堤工係在保固限外合併聲明
道光二十一年七月二十八日題九月二十六日奉

旨該部議奏欽此欽遵抄出到部　查前據
欽差大臣王　等奏參疏防員弁經　臣部會同兵部議奏於道光
二十一年九月十二日奉
旨此案河南祥符汛漫口失事專轄之下南河同知高步月署下
南河協備許鑣防守之祥符工汛縣丞秦華曾祥符上汛千
總高振外委劉讓均著即行革職于河干枷號一個月滿日
發往新疆充當苦差兼轄之開歸陳許道步際桐亦著即行
革職留工效力欽此欽遵在案此案河南祥符汛漫口失事
掣溜成河疏防防守兼管各官經該前督題參到部均應議

處除下南河同知高步月等業經議處在案毋庸再議外應
請將署祥符縣事息縣知縣張官即行革職毋庸工完開復
兼管之開封府知府方宗鈞應照道員例降二級調用留工
贊修查兼管之開歸陳許道步際桐前經奏
旨亦著即行革職留工効用應請將開封府知府方宗鈞一併革
職留工効力所有臣等遵
旨議奏緣由謹
奏道光二十一年十月十七日奉
旨河南開封府知府方宗鈞着照部議革職留工効力息縣知縣

張官著即革職毋庸留工欽此

欽差總河部堂朱大學士王巡撫部院鄂於道光二十一年十一月十八日恭摺具

奏為恭報續得進占丈尺並引河挑成分數恭摺奏祈

聖鑒事竊臣等前奏興工後已得進占丈尺並引河挑成分數及

現在籌办各情形於十一月十三日接准

廷寄道光二十一年十一月初八日奉

上諭王 等奏進占丈尺及引河挑成分數一摺據稱自十月二

十日截至十一月初一日止西壩已做成三十三丈挑水壩

做成三十一丈其各分引河牽計已挑成三分有餘將來試

放清水再搶挑溝線等語所办尚屬周妥惟河溜勢漸趋東
須防搜底初進數占亦應將前挖埽池逐節加挖深長以期
根底穩定引河以下抽溝溝線工段著照所議分派下游各
廳承挑並咨會南河同時趲挑至稭料蘇蔴現已報明備办
五分仍當嚴飭各廳州縣迅速解運務期源源接濟工需及
早合龍以慰廑念又另摺奏參將張兆業同南河林　襄办
河工深資得力等語覽奏均悉著即督飭工員赶緊催办毋
稍遲緩欽此臣等前因東垻淤灘較廣擬西垻先進數占使
溜漸東趋再行兩垻並進十一月初三日具奏時西垻已得

三十三丈東壩即於是日進第一占數日之中已做成兩占
共十三丈然察看水勢尚未見趁東西壩施工必須斟酌權
衡臣等及文武各掌壩商酌不如將東壩兵丁亦那至西壩
並力合作輪日各進一占使東壩兵夫既免束手停待西壩
亦得以分番休息連日大河雖已淌凌尚未結凍趁此天色
晴和月明風靜晝夜儹催並添給兵夫飯食無不踴躍從事
自十一月初二日起至十七日止西壩續得四十丈五尺連
前共七十三丈五尺埽前已逼大溜水深三丈零雖偶有蟄
動俱隨時廂築穩固東壩亦於十五日酌分兵夫相機漸進

共得十七尺五尺兩壩共做成九十一丈兩壩上下水邊埽
及夫土壩俱隨正壩一律跟進挑水壩做成九十八丈五尺
稭料源源運解約有十分之八足資接濟惟蔴觔尚形短少
現經疊次嚴催委員購買亦可無悞工需承挑引河共二百
二十五段經 臣等接次嚴催挨具出土多寡分別功過俾識
勸懲截至十一月十七日止連前牽計已及五分有餘並據
總理引河之前任開歸道步 稟稱此內子河挑至一二丈
餘多有地泉湧出並有淤澥各段落施工甚艱即飭令該革
道督率總催嚴飭各員弁添設水盆水車晝夜堵戽地泉並

盡力淘挖澥淤不任延緩抽溝及溝線各工亦據承挑各廳
報有分數自三四分至五六分不等臣等逐日督率司員及
道將等晝夜在工趕緊儹辦並嚴催料物樽節錢糧不敢稍
任草率冒混以期仰副
聖主廑念要工至意所有續得進占丈尺及挑成引河分數理合
會摺具
奏伏乞
皇上聖鑒謹
奏

再此次祥汎大工奉部
奏撥銀四百七十五萬兩淮鹽課銀四十萬兩前經臣王　臣
慧　會同升任撫臣牛　籌商工次用錢孔多恐市儈乘機
漁利錢價增昂揚州地方錢價素賤奏明令兩淮銀兩易錢
解豫並知照兩江督臣在案旋於九月二十二日准江蘇撫
臣梁　咨稱部撥豫省工需銀四十萬兩於九月十九二十
等日委員分作八批起解等語臣鄂　以前項銀兩係奏明
易錢解豫當牌行沿途地方官將銀截回以符奏案嗣准兼
理兩江督臣梁　咨稱前項銀兩於未接來咨之先業經起

解無從以銀易錢又准兩江督臣牛　咨稱揚州民間使用
半係錢票錢本無多入秋以來錢漸短少在揚易換必致驟
昂若必如數換錢轉致遲悞等因臣等以工次需錢刻不可
緩兩淮銀兩業已在途未便拘泥前奏勞費更多當即在豫
廣為易錢足敷工用節經知會兩江督臣無庸易錢在案今
復准兩江督臣咨據兩淮運司沈　呈稱部撥豫省工需銀
兩仍照奏案易錢委員解送前來臣等查來咨內稱此項錢
文係由水路逆流而上時值嚴冬情形與秋間迥别無論河
凍風逆合龍以前斷難到工且工次所易錢文足敷使用此

後惟望兩淮解銀到時撥還河南墊款並無用錢之處若不
先期截留將來錢文解到時諸多窒礙除飛咨兩江督臣仍
將原撥銀四十萬兩迅速解豫備用並專員由水路馳往將
所易錢文截留外現在督臣駐劄上海驛遞較遲相應請
旨飭下兩淮運司仍將撥銀四十萬兩解豫備用無庸易換錢文
理合附片陳明伏乞
聖鑒謹
奏
道光二十一年十一月二十九日奉

上
諭現當天氣晴和正易施工據奏蔴餉短絀著即嚴催委員上
緊購買解赴工次毋任稽延倘能迅速合龍則下游可免漫
灌帑項亦可節省朕心盼望之至斷不准稍有耽延至兩准
應解銀兩前因王　著奏請儘數易錢已降旨飭令兩准照
办茲又奏稱截回易銀為數過多且業經起解勢難更換現
已降旨飭牛　傳諭沈拱辰將未經易錢之銀仍照舊解赴
工次其業已易錢者不必截回以濟要工而免紛煩將此諭
令知之欽此
總河部堂朱
巡撫部院鄂
於道光二十一年十一月十九日恭摺具

奏為豫省各廳歲料因興舉大工購買較難請援案津貼以重修防事竊照河廳歲料為修防根本值大工之後用料既多購辦稍難例帮二價不專應酌議津貼歸於大工案內攤征還款歷經循辦有案本年秋稭因夏間缺雨本已不能豐收嗣以黄水非常奇漲灘料又俱被淹旋值大工興舉由近而遠幾已搜採殆盡價益增昂查歲料每觔例帮二價僅止一厘四毫較祥工奏價每觔合銀三厘六毫所少不止一倍既不能與祥工爭買又不專於遠路購求如不酌加津貼恐廳員藉口賠累貽悞修防所關匪細節據南北兩道稟請援案

加價前來臣等目擊寔情檢查成案不能不妥為籌議但此
項津貼雖係攤征歸款而民力尤須體恤未便稍涉寬濫查
從前衡工歲料加價自四毫至七毫馬工加價自四毫至一
厘二毫睢工加價自三毫至五毫儀工加價自四毫至五毫
臣等酌中定議以距工之遠近分別增價之多寡請將本工
下南一廳每觔酌加銀五毫距工最近之中河蘭儀衛粮祥
河下北五廳每觔酌加銀四毫次近之上南儀睢黃沁三廳
每觔酌加銀三毫距工較遠之睢寧商虞曹考歸河四廳每
觔酌加銀二毫計南北兩岸十三廳共办壬寅年歲料五千

採失加價銀八萬二千五百兩較衡工馬工雎工固大加節
減即照儀工加銀八萬六千六百兩今亦稍銀四千餘兩應
請由司庫墊發統入祥工案內攤征歸款仍責令各廳趕緊
購辦照歷屆要工後辦料章程於桃汛前堆足報候驗收臣
等為工需緊要恐悞修防起見謹援例合詞奏懇
聖恩伏祈
皇上聖鑒訓示謹
奏於十二月初七日奉到
硃批另有旨欽此同日奉

上諭朱　等奏各廳歲料請援案津貼一摺豫省各廳應办歲料現因祥符興办大工購買較難例帮之價不敷自應酌加俾貼著照所請所有本工下南一廳每斤酌加銀五毫距工最近之中河蘭儀衛粮祥河下北五廳每斤酌加銀四毫次近之上南儀睢黄沁三廳每斤酌加銀三毫距工最遠之睢寧商虞曹考歸河四廳每斤酌加銀二毫計各廳應办壬寅年歲料五千垛共加價銀八萬二千五百兩准其由司庫墊發統入祥汛大工案內攤征歸款該河督等仍嚴飭各該廳赶緊購办於桃汛前堆足報驗毋該(誤)該部知道欽此

欽
差總河部堂朱大學士王巡撫部院鄂　於道光二十一年十二月初二日恭摺會
奏為大工用欵極力撙節寔尚不敷銀三十萬兩仰懇
聖恩迅飭最近之山東山西兩省速撥解工俾得應手赶辦以期
歲內合龍事竊臣等此次辦理祥汎大工極知制用孔多之
時不但不許虛糜並比往屆加倍刪減省之又省是以前
奏約計銀兩惟擇最少之儀工用數請撥四百七十五萬兩聲
明將来勘估確寔倘有不敷再請添撥如有盈餘扣存司庫
等情仰蒙
恩准飭撥在案嗣復疊奉

上
諭務當督飭承辦各員認真撙節毋稍浮濫等因欽此臣等敬
謹凜遵並剴切曉諭在工文武務令激發天良得省即省並
経逐件稽覈駁飭再三凡可稍為節省者無不刪除殆盡與
各員交相刻苦乃求節費速工惟此中萬不可少之需寔為
人人共見之用如決口丈尺比次係三百零三丈較之儀工
一百九十六丈多出三分之一其挑挖引河及抽溝工段又
比儀工多出一百餘里所有土方工料不能不按照丈尺估
計辦理祇有核寔之法斷無縮地之方自興工以来臣等無
日不在河干督催監視朝夕不離疊據承辦工員以工費不

專再三陳請 臣等從嚴指駁總令設法省用不准續請撥銀
令工程做成者業已過半一切料物夫工均可核見確數據
總局司道等瀝情會稟並將已發銀兩及應發未發各款開
送前來 臣等逐一核查凡局中應給工料之資皆工次萬難
停延之款全工合計尚需銀七十萬兩除原撥兩淮銀四十
萬兩尚未解到現又加緊飛催外寔尚不敷銀三十萬兩勢
難再為減省而本省司庫存項因護城給賑在在要用亦复
難以挹注當此天氣暄和河形平順正須晝夜赶办以期早
一日合龍則省會城垣及下游被水災黎皆得早一日安輯

若因經費不尃遷延停待非但時不可失轉恐費更滋繁臣
等明知此時籌欵綦難而再四籌商不敢使鉅工虧于一簣
合無仰懇
皇上天恩俯念工需緊急
敕部在於最近河南之山東山西兩藩庫內合撥銀三十萬兩務
於封印前解到工次以應急需感荷
聖慈益無既極臣等一面飛咨該兩省撫臣速為預備一俟欽奉
諭旨立即起解來工俾免遲悞仍督飭工員等省嗇而用如尚有
留餘仍當扣留司庫以歸節省不敢稍任浮糜臣王本不

經手錢糧臣朱　臣鄂　核寔估計所有續請撥銀寔出於
萬不得已謹合詞恭摺具
奏伏乞
皇上聖鑒訓示謹
奏
道光二十一年十二月初七日奉
上諭王　等奏兩垻趕緊進埽引河併力搶挑並續得丈尺挑成
分數一摺據稱自交冬至後大河業已淌凌經王　等督飭
文武員弁設法儹辦截至十一月二十九日西垻續得三十

六丈五尺東壩續得三十九丈二尺兩壩連前共做成一百
六十六丈上下邊埽及夾土壩亦隨正壩一律跟廂挑水壩連
前做成一百四十丈合計全工業已過半所購稭垛麻觔均
已全行運到正雜料物足敷支用各分引河溝工亦計已有
九分工程若得天氣常晴臘月十五日以後即可相機合龍
覽奏深慰廑念此次興辦大工正值嚴冬之際王　等親駐
壩頭晝夜攢催不辭勞瘁現已將次竣事寔屬奮勉可嘉另
摺續請撥帑銀三十萬兩已交戶部速議具奏矣王　等仍
當嚴飭工員益加勤奮務使兩壩剋期並進無稍停留俾工

程指日告成是為至要將此各諭令知之欽此

戶部謹

奏為遵

旨速議具奏事道光二十一年十二月初七日軍機處交出

欽差大學士王　等奏請續撥要工銀三十萬兩一摺奉

旨戶部速議具奏欽此據原摺內稱此次辦理祥符大工力求撙節自興工以來迭據工員以工費不敷再三陳請臣等從嚴指駁總令設法省用不准續請撥銀今工程做成者業已過半一切料物夫工均可核見確數據總局司道等會稟並將

已發銀兩及應發未發各數開送前來臣等逐一核查凡冋
中應給工料之資皆工次萬難停延之款全工合計尚需銀
七十萬兩除原撥兩淮銀四十萬兩尚未解到現又加緊飛
催外寔不尃銀三十萬兩勢難再減省合無仰懇
皇上天恩俯念工需緊要
勅部在於最近河南之山東山西兩藩庫內合撥銀三十萬兩務
於封印前解到工次以應急需等語臣等復查豫省祥符大
工前於本年八月間據大學士王　等奏請撥銀四百七十
五萬兩經臣部奏准撥給在案茲據該大臣等奏稱全工合

計尚有不敷請續撥銀三十萬兩解工應用以期及早合龍
係為趕完要工起見應准其照數撥給所有應撥銀款臣等
公同酌議擬請即在於山東山西二省正雜留支各款及應
行解部項下各籌撥銀一十五萬兩共銀三十萬兩如數撥
解恭候
命下臣部飛咨山東巡撫山西巡撫於文到日迅速派委妥員解
赴東河工次務於封印以前解到以應要需所有臣等遵
旨速議緣由理合恭摺具
奏請

旨

道光二十一年十二月初九日具奏本日奉

旨依議欽此

欽差總河部堂朱 大學士王 巡撫部院鄂 於道光二十一年十二月初五日恭摺具

奏為長河冰凌驟下埽工搶護平穩仍設法加緊進占謹將續

得丈尺及引河挑工全竣現又搶挑河頭內外以利啟放緣

由恭摺奏祈

聖鑒事竊臣等於道光二十一年十二月初三日具奏做成一百

六十六丈七尺引河挑有九分工程茲於十二月十二日接准

廷寄初七日奉

上

諭此次興办大工正值嚴寒之際王　等親駐垻頭晝夜儧催不辭勞瘁現已將次竣事寔屬奮勉可嘉王　等仍當嚴督工員益加勤奮務使兩垻剋期並進無稍停留俾工程指日告成是為至要等因欽此查本月初四五日以後連發東風並有時逕轉南風雖深夜做工手足亦不皸瘃弁兵人夫倍形踴躍惟上游水凌漸解亦隨溜衝淌而來又連日自寅至巳霧氣迷濛即積厚堅冰亦多酥拆長河凌塊驟下猛迅異常其厚在一尺上下者尚不過浮在水面而一種大塊黑凌

寬厚三四五尺不等因被東風拆解淌衝向西在水中再浮再沉遇物即撞致將西垻檣纜之船鏈斷篁繩衝壞四隻其捆廂大船本用壯繩纏裹亦被黑凌紛紛觸斷內有兩隻淌至下游經搶護之兵夫設法拉回此日來淌凌礙工之情形也臣等查歷屆大工每以阻凍為患此次先用多船擺溢使工所河面不致堅凝正為慰幸乃因東風較早致上游積凍先融轉瞬節屆立春設使數千里長河溜勢挾凌源源下注豈不更為費手是合龍愈不可不速而廂埽愈不可不堅故於西垻淌凌最甚之時將已經做成埽段多加椿木板繩畫

夜防護并將壩面加壓重土俾其益臻鞏固工程幸皆平穩一面將拉回淌下之船重加捆紮雖西壩之占未能逸進亦先酌調兵夫至東壩幫同趕做不任稍分畛域至本月十三日天氣較寒上游凍結淌凌漸稀仍令兩壩各進各占一同趕辦計自上次

奏報十一月底工丈之後截至十二月十四日止西壩續得二十丈零五尺東壩續得三十六丈七尺兩壩連前共做成二百二十三丈九尺現在水深三丈二尺統計全工約及十分之八其上下邊埽及夾土壩仍皆一律跟進挑水壩連前做

成一百六十丈尚擬酌進數占以資得力至引河挑工原分
二百二十五段已與抽溝溝線各工陸續據報全行完竣並
照歷办成法逐段試放清水如見稍有高仰之處即行挑槍
務期一體通暢其各段分工員弁先築攔河小壩各定界址
今挑工已竣應令一律起除不得稍留底土致有暗碍惟引
河頭原留四十丈
奏明應於啟放之前臨時槍挑其攔河大壩一道先為保護挑
工堵防滲水起見硪築不得不堅現於放河之先亦應加夫
槍办又大壩以西冬間水落生有淤灘與現做之挑水壩斜

向相對雖片段不長亦恐不無滯碍現在加估搶工漏夜攢
辦一得建瓴之勢即擬乘機啟放引河當此工屆垂成口門
愈收愈窄河溜愈束愈高臣等惟有督率工員勉益加勉慎
益加慎以副指日告成之
恩諭斷不敢稍任玩延所有攢辦情形謹合詞恭摺具奏伏祈
皇上聖鑒謹
奏
再臣等於道光二十一年十二月十三日接准部咨十一月
十七日奉

上諭前因祥符漫口大溜全行掣動下游多被浸淹文　身任河
道總督不能先事預防又不趕緊搶堵糜帑殃民厥咎甚重
降旨革任交王　等傳旨枷號示懲現在枷號又及三月着
王　等疏枷發往伊犁充當苦差欽此欽遵恭傳
諭旨將文　在工次疏枷所有派員起解各事宜臣鄂　即行照
例办理謹附片奏
聞道光二十一年十二月二十一日奉
上諭王　等奏長河水凌驟下埽工搶護平穩並續得丈尺一摺
據奏本月初四日以後東南風作上游水凌漸解隨溜沖淌

撞壞船隻觸斷篁繩現將做成埽段多加繩木防護工程平穩日来淌淩漸稀西垻續已進占連前做二百二十餘丈全工已及十分之八引河桃工及抽溝溝線已報全行完竣並照歷办成法逐段試放清水如有高仰之處即行搶挑務期通暢等語覽奏甚慰現在工届垂成口門愈收愈窄河溜愈東愈高必須慎之又慎勉益加勉以期指日告成此次工隨凍築來春水漲凍消能否堅寔並著隨時體察先期防範為要將此諭令知之欽此遵

旨寄信前來

欽差總河部堂朱大學士王廵撫部院鄂

於道光二十一年十二月十五日由驛附

奏再臣等前因汜水夏邑二縣承辦稭蔴遲延

奏請將汜水縣知縣謝益夏邑縣知縣陳詒樞暫行革職仍留

本任勒限賠買運工並聲明該員等如自知愧奮赶早解運

足數再行奏懇

恩施在案茲查該二縣已各將稭蔴於限内全數運工尚知愧奮

合無仰懇

天恩將汜水縣知縣謝益夏邑縣知縣陳詒樞准予開復相應合

詞附片具

奏伏乞

聖鑒再此次蔴觔價值與前産地被淹蔴少價昂

奏明俟確核定價另行續奏茲通盤牽算每蔴一觔值銀四分

仍與儀工價值相同合併陳明謹

奏

河南巡撫部院鄂
總河部堂朱
山東巡撫部院托
於道光二十一年十二月十八日恭摺具

奏為豫東兩省南北兩岸應办來年善後土工設法撙節查估

寔需銀數恭摺奏祈

聖鑒事竊臣前於查催引河之便曾將順勘豫省堤工應須大加

修培情形先經附片奏蒙
硃批河防固屬緊要不可疎失然值此經費短絀之時不能不通
盤計算設法慎為之欽此又准
廷寄道光二十一年十一月十四日奉
上
諭現在軍需河工災賑先後須發帑金數已不少著於必不可
緩之需力加撙節該督撫等受恩深重當此制用孔亟之時
諒能仰體朕心分別緩急通盤籌度不致視為語誡虛文也
等因欽此欽遵各在案臣跪讀之下仰見我
皇上慎帑重工

誥誡肫切下忱欽感莫可名言凡屬臣工具有天良莫不仰體

聖懷力求撙節況臣以道員遠膺

殊擢感激之私正不知何以圖報惟有多盡一分心力即可少用

一分錢糧庶幾稍効涓埃仰酬

高厚弟防河之法祇有堤埽兩項如埽工間段廂做赶集料物尚

可臨時搶辦堤工一項須藉筐土層層纍積非急切所能應

手且片段太長捍禦大汛非高厚堅寔不足以資保障其如

豫東兩岸大堤自議工大辦以後近年每歲皆係擇要補葺

上下堤身本多未能一律兼以節年汛水較大輙易上灘凡

漫灘一次即層淤層灘因淤厚而愈高堤因灘高而致矮本年異漲尤為從來未有日久相持風撞浪擊以致堤埝本已受傷更值河流極旺挾沙正濁之時祥工頓然失事淤沙為之一停現查堤高灘面竟有一二尺者此外堤身卑矮單薄埝埧被冲此塌甚至已與淤平或坡坦殘缺不齊溝槽錯出之處殆有未能枚舉雖據所屬各道歷次查估每於詳稟到時無不嚴行批駁茲復歷遍查勘悉心查較寔皆必不可緩若不亟為修整不獨明年汛漲在在吃重即以現在祥工大埧即日合龍一經河流歸正之後已多攔禦無資更應乘時

趕办 臣萬分焦急寢饋俱忘因思省所當省省之不致貽後患用所當用用之所以固前工若惜先期至要之需轉滋臨時無窮之費茲於萬不得已之中疊率道廳恪遵

聖諭通盤計算設法办理凡堤高水浪六七尺概行剔緩外今就舊有堤埝埧戧或一面帮寬或兩面帮寬以及頂上加高加築子埝填補溝槽溝形殘缺坑塘添築埧創埽靠土埧土格埧頭接長等工除每方仍給例價銀一錢四分四厘至二錢一分六厘外其繞越艱難者每方於例價外津貼銀三分四厘至一錢三分四厘除下南一廳歸入祥工善後辦理外統

計豫省兩岸十二廳共估例帮價銀三十四萬餘兩東省曹
河粮河及曹考廳之曹上汛共估例帮價銀二萬一千餘兩
較比歷办善後原續估土工用銀七十五萬兩至一百五萬
兩計已少銀三十八萬兩至六十九萬不等寔係省而又省
委已無可再為減緩臣與署河南撫臣山東撫臣往返札商
除東省需銀無多仍照向例於山東藩庫動支外所有豫省
應用銀兩藩庫無款可籌合無仰懇
皇上天恩勅部於附近豫省藩關各庫迅速指撥於來年開印前
解存河南司庫以便隨時提給責令各該道轉飭廳營酌分

先後速為赶办統限於来年桃汛前一律完竣仍俟逐細驗
收後再行核准工段銀數由道詳報另繕清單恭呈
御覧臣督率認真妥慎經理如有草率偷減立即據寔嚴参不敢
稍有隱徇謹會同署河南撫臣鄂　山東撫臣托　恭摺具
奏伏乞
皇上訓示謹
奏